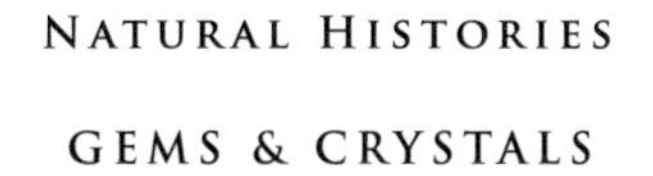

自然的历史

宝石与晶体

来自美国自然博物馆的珍宝

［美］乔治·E. 哈洛　安娜·S. 索菲尼蒂斯 著
郭颖 等译

重庆大学出版社

GEMS & CRYSTALS

FROM ONE OF THE WORLD'S GREAT COLLECTIONS

“对于珍贵石头的喜爱深深根植于人类心中，这不仅是因为它们的色彩与光泽，还与它们良好的耐久性有关。世间所有带有美丽颜色的事物，比如鲜花和树叶，或是天空的蓝色和晚霞的荣光都稍纵即逝，并且变幻无常，只有宝石的光泽和颜色从几千年前到现在一直不曾变过，几千年后，也一样不会改变。”

——乔治·F.昆兹，《珍贵宝石的奇妙传说》

（*The Curious Lore of Precious Stone*，1913）

前 言

“这些宝石都挺不错，但是你知道吗，它们其实都是赝品。真正的宝石都被锁在某个地下室了。”这是我在美国自然历史博物馆（以下简称博物馆）的摩根宝石纪念馆漫步时经常听到的游客言论。这种评论还不是我在此等宝库中听到的最让人哭笑不得的言论，但是却揭露了人们心中存在的一些错误观点。如果这位游客的断言是真的，那为博物馆承保的保险公司应该可以松口气了。不过很幸运的是，对于大众来说，这位游客说的并不对。展览上的每一件展品都是真的。

对我来说更有趣的是人们的欣赏水平。“噢，那是印度之星蓝宝石啊。看它多漂亮！”这种反应比较正常，但是相对于一个懂行的人提到一颗 100 克拉的帕帕拉恰橙色蓝宝石时惊呼的“快看那块宝贝”来说，这种反应还是平淡了点。“它太美了！”大部分的游客都会为宝石的美而惊叹，但却不知道宝石究竟特别在哪里。我们的目的之一，是带着你好好看看博物馆里的宝石和宝石晶体；从更广泛的层面上来讲，我们希望能为你提供关于这些宝石与晶体的有趣而实用的信息。

自从 1869 年，美国自然历史博物馆在位于中央公园的老军械库中开馆的时候，矿物和晶体展就是博物馆展览的一部分。博物馆中有一个小的矿物“仓”用来科普，不过这个小“仓”没什么可吹嘘的。当这个矿物展成为一个国际一流的展览时，它也迎来了像查尔斯 · L. 蒂凡尼（Charles L.Tiffany）、莫里斯 · K. 约瑟普（Morris

乔治·弗雷德里克·昆兹和赫伯特·P. 怀特劳克所著的一系列历史上有名的书籍，以及博物馆的藏品：一些矿物晶体、一些切割好的宝石、一个晶体球和一台古老的晶体测量工具 （乔治·弗雷德里克·昆兹，摄于 1900 年左右）

K.Jesup）和约翰·皮庞德·摩根（John Pierpont Morgan）这样的一些捐赠者。乔治·弗雷德里克·昆兹（George Frederick Kunz）曾是一位核心人物：从1877年直到1932年去世，他一直是蒂凡尼公司的珠宝顾问；在此期间，他为珠宝产业以及博物馆的矿物和宝石的收藏留下了深远的影响。

在1889年，万国博览会在巴黎如期举行。蒂凡尼公司抓住了这次万国博览会的机会，通过“宝石和珍稀岩石”展览，向欧洲人展示了美国的珠宝首饰、银制品工艺以及北美洲丰富的自然资源。从展览目录来看，这次展览的展品都是由昆兹收集的，共382件。昆兹走遍了整个大陆，收集了数量惊人的岩石、晶体、珍珠以及其他一些门类的矿物，使得这次展览震惊了欧洲观众，并赢得一枚金牌。尽管这次展览并非商业性质，但许多蒂凡尼珠宝在展场上被售出。万国博览会结束后，这个展览就被带回了纽约。这个决定是遵循了昆兹的想法，因为他认为这个展览应该原封不动地搬回美国自然历史博物馆。莫里斯·K.约瑟普作为当时的博物馆馆长，非常明白这个展览的价值，但是资金却成了问题——需要整整两万美元。这笔资金数目太大，导致博物馆的董事会质疑这个计划，至少引起了争论。经过几个月的沟通，这个问题最终被J.P.摩根解决了。J.P.摩根是一位银行家及金融家，同时也是博物馆的董事会成员。他同意将一万五千美元的采购资金“全部记在他账上”，这个账户大概就是他在蒂凡尼公司的账户，蒂凡尼公司捐赠了剩下的五千美元。因此，博物馆于1890年举办了这一可观的宝石展，这个展览叫作“蒂凡尼展”或“蒂凡尼-摩根展”。

治·弗雷德里克·昆兹，摄于1900年左右

摩根的个性和能力在1900年巴黎的另外一届万国博览会得以展现，摩根肩负起了这个挑战，据推测他资助了昆兹一百万美元（别忘了，这可是1900年！）去搜寻全世界的奇珍异宝。这次搜寻的结果是一个更加非凡的展览，这个展览夺

得了万国博览会的大奖。这次展览——也就是第二个蒂凡尼-摩根（或者摩根-蒂凡尼）宝石展——包含1 453件宝石展品，在万国博览会之后这个展览被直接搬回了博物馆。这1 453件展品中“有美国的也有外国的，有切割好的也有自然形态的”，还有95件珍珠和贝壳。到1913年，宝石展已经有包含2 176件宝石以及2 442件珍珠；彼时，摩根的宝石展也明确对外宣称即使不是全球最大的也必是北美第一。

约翰·皮庞德·摩根，摄于1902年左右

摩根在宝石及矿物收藏方面的兴趣并未就此消减。1901年，他出资十万美元购进了当时最好的矿物收藏之一，这些藏品是由费城实业家克莱伦斯·S.贝门特（Clarence S. Bement）在19世纪时收藏的。不仅藏品品质极佳，藏品数量也极大；动用了两节货运火车的车厢才将总量约为13 000件的藏品运往博物馆。这一次所添加的藏品直接构成了博物馆内矿物展的主干部分，其中突出的藏品还作为特色展品陈列于宝石与矿物走廊展出。直到1913年去世，摩根一直在向博物馆捐赠藏品。

值得被提及的捐赠者非常多，不过我想重点提及以下几位。小J.P.摩根延续了他父亲的传统，捐赠了许多高品质、大颗粒的宝石，尤其是1927年捐赠的一些蓝宝石。乔治·F.贝克（George F. Baker）——老摩根的一位朋友——资助了摩根纪念馆的建立；摩根纪念馆于1922年5月1日在博物馆的四层开馆。昆兹不仅负责摩根的捐赠，很多其他捐赠他都有所参与；他还为各种其他机构捐赠了许多样品及藏品。昆兹在1904年被授予了珍贵宝石展的名誉馆长——在他之前以及在他之后，这个头衔都从未授予过别人。威廉·博尔思·汤普森（William Boyce Thompson）——纽蒙特矿业公司的创始人之一——在1940年提供了一笔可观的资金，博物馆用这笔钱采购了一些非常珍贵的标本，例如哈勒昆王子欧泊（见142页），一颗59克拉的心形摩根石，以及一块586磅的托帕石晶体。1951年，在格特鲁曼·希克曼·汤普森（Gertrude Hickman Thompson，威廉・博尔思・汤普森的遗孀）去世之时，更多惊艳的宝石、雕刻品（尤其是玉石）以及矿物被捐赠给了博物馆。

一些捐赠来的宝石非常特殊，他们的名字中包含了捐赠者的名字，如：艾迪斯・哈金・德隆（德隆星光红宝石）、伊丽莎白・考克罗夫特・夏特勒（夏特勒祖母绿），以及佐伊・B. 阿姆斯特朗（阿姆斯特朗钻石）。哈利・F. 古根海姆（Harry F. Guggenheim）不仅赠送了礼物，也为现在的矿物馆命名；矿物馆和摩根宝石馆一起于 1976 年 5 月开始对外开放。

美国自然历史博物馆历史上的大部分时间，矿物与宝石展都由一位馆长来管理：1869—1876 年，阿尔伯特・S. 比克摩尔（Albert S. Bickmore）担任馆长，他也是博物馆的创始人之一；1876—1917 年，博物馆由路易・蒲伯・格拉塔卡普（Gratacap）管理，在他 40 年的任期中，他建立了矿物学部以及管理藏品的机制；1918—1941 年，馆长由赫伯特・P. 怀特劳克（Whitlock）担任，他撰写了许多关于藏品的著作；1936—1952 年担任馆长的弗莱德里克・H. 波福（Frederick H. Pough）在他的任期内专注于扩大宝石收藏的规模；1953—1965 年，担任馆长的布莱恩・H. 梅森（Brian H. Mason）是位理论地质学家，在他任职期间，他对陨石产生了浓厚的兴趣；1965—1976 年，D. 文森特・曼森（D.Vincent Manson）在其任期内为建立新的宝石与矿物展厅倾注了巨大的激情。众多藏品的背后还有许多没能被歌颂的英雄在默默付出——馆长助理们。特别要提及的，戴夫・斯曼（Dave Seaman）从 1950 年开始一直管理藏品，直到他 1974 年退休；乔・皮特斯（Joe Peter）在 2002 年解甲归田；杰米・纽曼（Jamie Newman）至今仍恪尽职守。

哈利・F. 古根海姆，摄于 1920 年左右

在 20 世纪 70 年代晚期，博物馆发现在一个部门中，馆长并不能很好地兼顾四项收藏工作（包括矿物、宝石、陨石、岩石），而且也并不能对每一位馆长带领博物馆开展的科研工作

都报以殷切的期待。在 1976 年新的矿物、宝石、陨石展厅开放之际，部门有了一个新的名字——矿物科学部，并且开始扩张。岩石学家马丁·普林兹（Martin Prinz）成了陨石收藏的馆长和主席；而我在那年晚些时候加入了博物馆，成为了矿物和宝石馆的馆长。现在矿物科学部有四位馆长，分别负责陨石藏品、岩石（岩石学）、矿床以及矿物和宝石。为了反映矿物科学部的研究领域已经得到扩充，部门的名字于 1995 年改为地球与行星学部（以下简称地球部）。

地球部历史上最声名狼藉的事件发生在 1964 年 10 月 29 日，当时杰克·墨菲（Jack Murphy）和两个同伙大胆地洗劫了老摩根纪念馆，偷走了印度之星、德隆星光红宝石、午夜之星、夏特勒祖母绿等宝石以及几乎全部的钻石。墨菲等人看过电影《通天大盗》，电影中描述了伊斯坦布尔的托普卡匹皇家博物馆中发生的一次完美盗窃。墨菲等人觉得可以使用电影中同样的方式在摩根纪念馆进行盗窃。盗窃团伙中的两人躲在博物馆的顶楼，此时其他人开着用于事后逃逸的车辆在馆外周旋。在顶楼的两人用绳子从老摩根纪念馆的一个打开的窗户溜进去，此时擦过的宝石都和玻璃清洁剂一起放在箱子外面。作为展厅中唯一的报警器，用于保护印度之星的报警器的电池已经没电了。盗贼们很轻易地逃走了，但是由于太过于沾沾自喜，他们很快就被捉

图中巨大物体是一个 4.5 吨重的来自亚利桑那州的蓝铜矿——孔雀石石柱。

拿归案，大部分的宝石也被完璧归赵。德隆星光红宝石在窃贼被抓到时已经转入黑社会手中，后被赎回。但仍有35件藏品至今未被找到，其中包括一颗未切割的伊格尔（Eagle）钻石，这颗钻石是在威斯克星州伊格尔附近的一处冰河堆石中发掘出的，是当时美国发现的最大的钻石。这颗独一无二的钻石晶体以及其他被盗的晶体可能已经被切割成了宝石，以至于再也无法被找到了——真是悲剧。

博物馆中在展的矿物和宝石大概有4 400件，其中大概1 800件在摩根宝石展厅中，2 600件在古根海姆矿物展厅中。博物馆中藏品总数超过110 000件矿物和4 500件宝石；这就意味着大部分的宝石都在展厅里被展出，而只有2%的矿物在展。造成如此巨大的藏品展出比例不同的原因在于矿物的特性以及博物馆的许多不同的目标。宝石从定义上来讲属于装饰材料，这就增加了其在展览上的价值。矿物类展品，因为有时展现出的是引人注目的结晶度、颜色以及晶面，所以经常会看起来不那么有趣（我有时甚至会说它们有点“丑”）或者甚至肉眼不可见。博物馆在展的门类非常可观，足以展示将近5 000种已知矿物的连续系列，但是大部分的藏品被留在幕后。这些“隐藏”的门类的价值在于它们记录了地球化学，矿物形成过程，以及原子排列方式。这些藏品对于世界各地的大学以及博物馆的科学家们来说都是非常宝贵的资源。这些标本无论美丑，无论是宝石还是宝石晶体，都因其罕见的尺寸和完好的结晶程度而具有极高的科研价值。我近几年来的科研包括翡翠类玉石的研究，这个兴趣最初是由漂亮的玉石、红宝石和橄榄石所激发的。我们努力保存宝石和美丽的晶体的目的在于愉悦并启迪博物馆的观众。

收藏必须不断增加藏品才能保持活力。就像曾经有少数人通过博物馆来显示财富，博物馆必须依靠大众来分享这些财富。美国传统价值观中的慷慨是大部分博物馆收藏赖以生存的理念基础，美国自然历史博物馆也是如此。虽然捐赠数量一直随着经济（和税率）的起伏而起伏，我们还是希望博物馆的藏品数量能够继续增加，这样我们才能有更多的机会看到世界所蕴含的宝藏。

呈现一个宏大的宝石展是一项艰巨的工作，但也是一个难得的机会。这本书中大量的彩色照片由优秀的摄影师哈罗德和艾瑞卡·凡·佩尔特（Harold and Erica Van Pelt）以及博物馆中的专职摄影师们拍摄，这些照片不仅非常美丽，而且还生动展现了藏品的样貌。不过，展厅里的藏品要比照片的数量多得多；这对于研究和教学来说是非常丰富的资源，也是大自然完美的档案馆。在我超过38年的馆长生涯和这本书

摩根宝石展厅的场景，摄于 2012 年。

1928年，道德文化学校的一个班参观摩根宝石展厅。站在左侧为学生们做解说的是时任馆长的赫伯特·怀特劳克。

的合著者17年的宝石学家生涯中，我们建立了对宝石的无限热爱。这本书向大家传递了关于宝石的知识。我在书中主要负责宝石的鉴定特征以及产地，安娜·索菲尼蒂斯则在宝石的历史和宝石评估方面贡献了自己的渊博学识。这次再版增添了新的图片和信息，并对初版在25年后进行了修订和更新。

这本书可以作为美国自然历史博物馆宝石展的一本简明导览，亦可以作为一本宝石矿物信息的纲要。尽管如此，没有哪本书或是摄影作品可以与实物媲美。宝石给人带来的是视觉上的愉悦，直观地去观察它们是了解它们特征的唯一手段。一颗闪耀的刻面宝石随着观察者的移动、光线的改变，以及它自身的转动会变得鲜活起来。对于星光宝石、猫眼宝石以及欧泊来说更是如此。毫无疑问，宝石被用作人类的装饰品已经有很长时间了。生命在于运动，因此我鼓励受到本书中精美图片和文字所激励的你，来纽约市看看我们的展览，当你在展厅上闲庭信步之时，宝石和晶体的完美品质将完整展现于你眼前。（梁璐　译）

乔治·E.哈洛（George E. Harlow）

2015年2月

美国自然历史博物馆和前面的罗斯福纪念馆的素描图，
约翰·罗塞尔·波普（John Russell Pope）绘于 1926 年，手动彩色幻灯片。

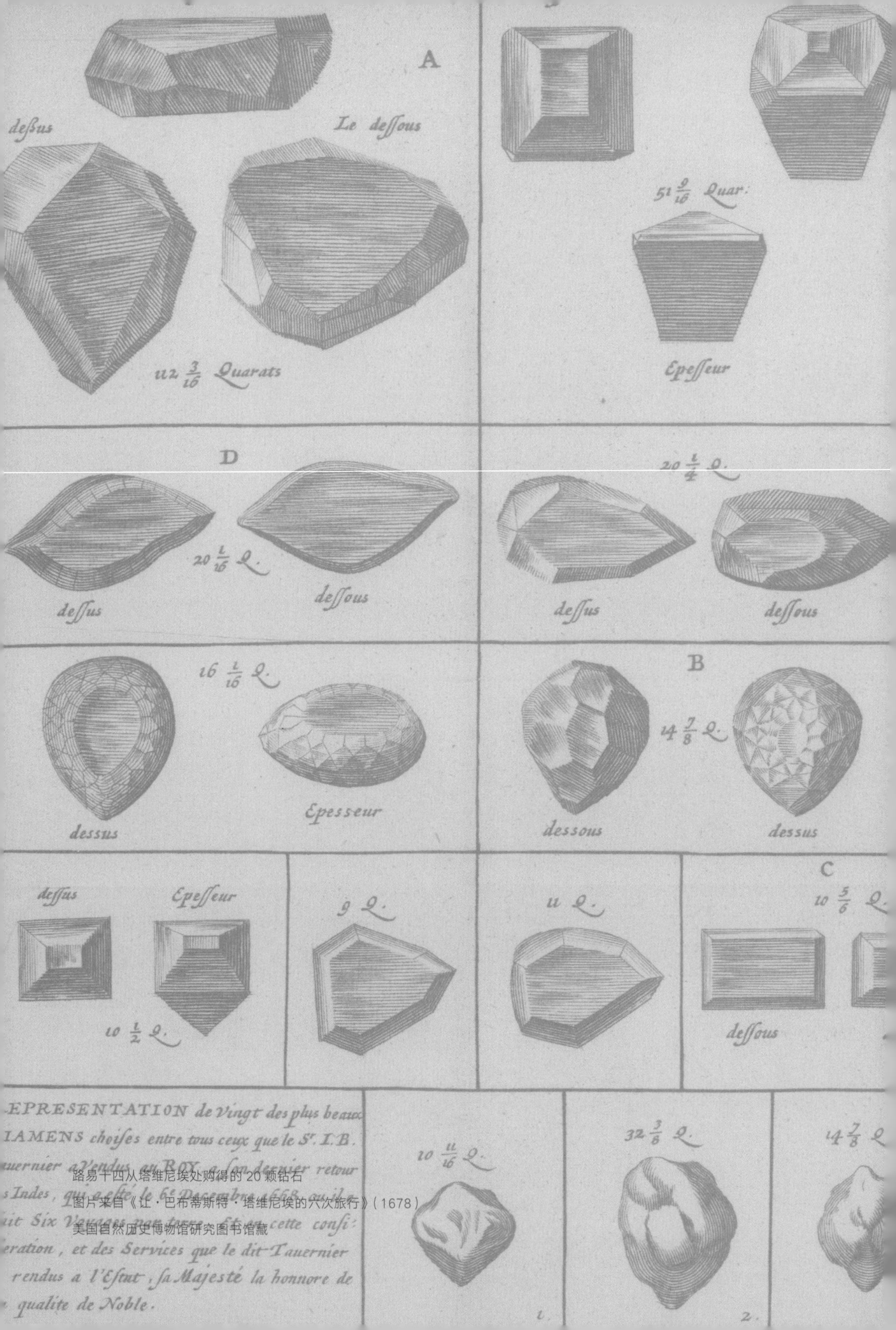

路易十四从塔维尼埃处购得的 20 颗钻石

图片来自《让・巴布蒂斯特・塔维尼埃的六次旅行》(1678)

美国自然历史博物馆研究图书馆藏

bales ,qui ſont a ſa Majeste ,
chaqun ſe voit de deux costés
N.7
deſſus
N.7.
Epeſſeur
29 1/2 Q.
Pendeloque
13 9/16 Q.
N.8
deſſus
13 5/8 Q.
N.9
7 Q.
7 Q.
N.9.
DIAMENT Cotté A. eſt net et
beau Violet
Cottez B. et C, ſont de couleur de
pale. Celuy cotté D, eſt d'une Eau
ordinairement belle.
les autres ſont blans et nets, et ont
taillez aux Indes
trois d'Embas Cottez 1.2.3. ſont Bruts.
II. Partie. fol. 392.

第一部分

宝石的世界

追溯宝石的故事

考古学是最早告诉我们宝石的起源的，关于每种宝石什么时候在哪里被使用过，怎样被使用的，以及是否被交易过。被记录下的历史让我们得以了解宝石的早期命名、分类、宝石的日常意义，尤其是迷人的故事。

早期人类在旧石器时代（公元前25000—前12000年）之前已开始使用贝壳、骨骼碎片、牙齿、卵石等来装饰他们自己。大部分人类早期文明时期用过的石头都是不透明且硬度较低的，具有明亮的颜色或是漂亮的图案。更坚硬的石头出现在大约公元前17000年的美索不达米亚平原（伊拉克）的贾尔莫部落，人们用红玛瑙和矿物晶体的珠子做首饰。硬度较低的石材如滑石、大理石雕刻的柱状印章出现在2 000年之后。这些印章的实用意义是区分身份，当在湿润的黏土上滚动时会留下区别性的印记。印章的出现代表当时的技术发展达到了一个重要的阶段，同时印章在当时也被用作装饰品，并且很有可能是某种身份象征。到公元前4000年晚期的中东，柱状印章由坚硬的宝石材料晶体制成，而非那些容易刻划的石材。一条发现于哈拉帕——古印度文明的中心——的公元前3000年晚期的腰带，上面用斑斓的不透明宝石红玉髓、绿色滑石、玛瑙、碧玉以及青金石装饰，代表了当时已有多种宝石供人类使用。

阿富汗巴达赫尚的青金石矿和西奈半岛的绿松石矿的大规模开采始于大概5 000年前；与此同时，远距离的宝石贸易也得到发展。巴达赫尚产的青金石在公元前3000年就被带到了埃及，公元前2500年时来到了苏美尔（今伊拉克）。当时的中国、印度、希腊和罗马都是从同一产地获得这些宝石的。到了大概公元前2000年，腓尼基的海上商人将波罗的海的琥珀销售到了北非、土耳其、塞浦路斯和希腊。经过光谱分析可以确定，在古希腊迈锡尼文明的伯罗奔尼撒墓穴发掘出的琥珀珠子的原产地为波罗的海。亚洲与欧洲之间的贸易在亚历山大大帝时期（公元前356—前323年）之后的公元前4世纪得到扩张，并导致了宝石数量增多。

当时陌生的大千世界令人们感到困惑，然而同时人们又需要为宝石的稀有性及美丽的特性作出解释，所以几乎在所有的文明中，宝石都被赋予了魔力和神秘的色彩。颜色在当时的象征主义中起到了重要作用：金色代表太阳，蓝色代表天空、天堂或者大海，红色代表鲜血，黑色代表死亡。颜色也与星座有关，星座宝石就是这么来的。耐久性也非常重要，钻石不可超越的硬度被认为会为其佩戴者带来力量和无往不利的幸运。宝石被用作护身符，为人们提供保护，确保人们的健康，以及守护财富、爱情和好运。在图坦卡蒙（于公元前1333—前1323年在位）的木乃伊上发现了143块珠宝；木乃伊由黄金制成，上面镶嵌了红玉髓、碧玉、青金石、绿松石、黑曜石、岩石晶体、雪花石膏、天河石和玉石，一些宝石上没有佩戴过的痕迹。古埃及人认为，人生前的财富是可以带到来生的，这些未被佩戴过的宝石被用作护身符，用以辟邪，并为逝者带来好运。其他他生前佩戴过的宝石被用作装饰。巴比伦人（与埃及人相反）则不认为人有来生。他们那些随葬的柱状印章是人在世的时候保护他们的护身符。

从已有文献中我们可以得到大量的关于宝石的拥有者和使用者对其看法的信息。乔治·F.昆兹在《珍贵宝石的奇妙传说》（*The Curious Lore of Precious Stone*）中认真记录了大量的实证。在《中世纪及文艺复兴时期的神器珠宝》（*Magical Jewels of the Middle Ages and the Renaissance*）一书中，珠宝历史学家琼·伊万思（Joan Evans）在书中引用了大量对古代演讲的研究和翻译、现存珠宝的详细记录（有些记录中描述了魔力），甚至一些法庭记录。在某一案例中她写道，“1232年，伯爵休尔特·德·伯格（Hubert de Burgh，英格兰和爱尔兰的最高法庭庭长）曾偷偷从皇室宝库中拿走一块可以使佩戴者战无不胜的宝石，并将其用于对抗他的宿敌——威尔士的卢埃林（Llewellyn）。”

宝石被赋予的超自然力量，有些来源于其本身具有的特性，有些来自于其被雕刻出的形状、符咒或是一些刻印文字。这些特性被当时的矿物学或医学的文献所记录下来，形成了宝石鉴定学。

希腊人最早在西方文献中记录了宝石的药用功效。这些功效，和星座象征一样，从8世纪开始由阿拉伯的宝石鉴定学所记载。在阿拉伯人的影响之下，中世纪时期的

医生和宝石商人在一起,《健康之金》(*Hortus Sanitatis*)一书中的插图，雅各布.梅恩巴奇(Jacon Meyenbach)著，1491年。

ANSELMI
BOETII DE BOODT
BRVGENSIS BELGÆ,
RVDOLPHI SECVNDI,
IMPERATORIS ROMANORVM,
Perſonæ Medici,

GEMMARVM ET LAPIDVM
Hiſtoria,

Qua non ſolum ortus, natura, vis & precium, ſed etiam modus quo ex iis, olea, ſalia, tinctura, eſſentia, arcana & magiſteria arte chymica confici poſſint, oſtenditur.

OPVS PRINCIPIBVS, MEDICIS, CHYmicis, Phyſicis, ac liberalioribus ingeniis vtiliſſimum.

Cum variis figuris, Indiceq; duplici & copioſo.

HANOVIÆ,
Typis Wechelianis apud Claudium Marnium & heredes Ioannis Aubrii.
M. DC. IX.

欧洲宝石学中也对宝石的药用功效有所记录。在中世纪的欧洲，宝石通常作为药用的护身符或是作为药物服下。在克雷芒教皇1534年去世前，他曾服用过药用的宝石粉，价值高达40 000杜卡特。罗伯特 · 博伊尔（Robert Boyle，1627—1691）曾大力倡导在自然历史中使用实验研究方法，他也是《一些关于实验自然哲学的使用价值的思考》（*Some Considerations Touching the Usefulness of Experimental Natural Philosophy*）的作者，他曾写道："我认为，在为穷人制订的处方中，医生可能会用便宜的配料来代替贵重的材料。不过这些贵重材料的药效与其珍贵程度相比，并不是非常可靠。"

在接下来的章节中，将会提及宝石的编年史及制作它们的工匠。在西方文献中最早的重要记录来自于希腊的泰奥弗拉斯（Theophrastus，约公元前 372—前 287 年），他被称为亚里士多德的继承人。泰奥弗拉斯的《论石头》（*On Stone*）是现存最早的矿物学课本，在书中他描述了 16 种矿物，并将这些矿物分类为金属、泥土和石头（最后一类中包含了宝石）。这种分类直到 18 世纪都没有人提出质疑。他定义了矿物的物理性质，包括颜色、透明度、解理、密度，还记录了宝石的药用价值。一位叫达米克罗恩（Damigeron，约公元前 2 世纪）的编年史作者用希腊语写了一本宝石鉴定书籍，不过最初版本已经遗失了；这本书被部分翻译成拉丁文，应该是第一版和第六版之间的某一个版本（见《阿贝尔》，*Abel* 1881 年）。老普林尼（Pliny the Elder，公元 23—79 年）将其前辈及同代人的成果编纂成了他的共 37 卷的《自然史》（*Historia Naturalis*）。

《自然史》一书的第 37 卷对珍贵宝石进行了讲解，内容包括产地、采矿、用途、贸易，以及宝石价值的“1 300 个事件，浪漫的故事和科学观察”。普林尼的著作直到中世纪仍然对欧洲有影响。马尔博德·雷恩主教在 11 世纪使用拉丁文六步格诗编写了一本辞藻优美的宝石鉴定书籍。尽管在描述上缺少矿物学特征的介绍，马尔博德的作品仍然为宝石的药用价值和魔法力量的研究做出了贡献，后人的写作中也多次被引用。

13世纪的研究成果有沃尔马（Volmar）的《石头书》（*Steinbüch*），以及同样重要的阿尔博图斯·马格努斯（Albertus Magnus，1206—1280）的《论矿物》（*De Mineralibus*）。这位德国的物理学家记录了磁铁的磁性，对砷矿物进行了分解，还描述了 94 种矿物属性，对其魔法特征也有所描述。

由于“借用”的现象并不少见，我们在工作过程中需要找出一些概念最初的来源，这也使得我们的工作变得复杂。卡米拉斯·莱昂纳杜斯（Camillus Leonardus）的 *Speculum Lapidum* 于 1502 年在威尼斯出版，并在同一世纪由洛多维科·多斯（Ludovico Dolce）

Les Six
VOYAGES
de Jean Baptiste
TAVERNIER,
Ecuyer Baron d'Aubonne,
en TURQVIE, en
PERSE, et aux
INDES.

翻译成意大利文 *Trattato delle Gemme* 重新出版。17 世纪另外一项成果与莱昂纳杜斯的相比更重要，是吉罗拉莫·卡尔达诺（Girolamo Cardano）的《宝石和颜色》(*De Gemmis et Coloribus*)，出版于1550—1587 年（多卷）。安塞尔·博尔提斯·德·杜波（Anselmus Boetius de Boodt）曾是神圣罗马帝国皇帝鲁道夫二世的宫廷医生，他写了《宝石和宝石的历史》(*Gemmarum et Lapidum Historia*, 1609）一书；他做了大量的工作，对宝石进行了描述，并记录了宝石的性质，尽管如此，我们还是在他的记录中发现了对宝石功效可靠性的质疑。

除了传统的宝石学书籍，游记——比如马可·波罗 17 世纪写的游记，让·巴布蒂斯特·塔维尼埃出版于 1676 年的《六次旅行……土耳其、波斯和印度》(*Les Six Voyages... en Turquie*）——记录了关于宝石用途和来源的信息，尤其是关于印度的钻石。加西亚·奥尔塔（Garcia de Orta, 1565）——印度果阿总督的葡萄牙裔医师，描述了那里的钻石矿，观察了采矿作业，并对宝石的特性进行了报告。他在记录中断然否定了当时很普遍的钻石有毒的说法，因为他曾亲眼见过采矿工人们为了走私钻石而将其吞下。

随着 17 世纪和 18 世纪经验主义和科学探究的发展，人们对宇宙的严格的物理研究也体现在宝石的研究上。一些化学、光学和结晶学上的概念得以发展；与此同时，由于分类的需要，一些定义和测试也开始进行，以此来对物质进行区分。

如今我们看待宝石的角度与几百年前有很大的不同，但是我们还是有很多东西需要学习。颜色作为透明宝石最令人困惑的性质，其在不同宝石中的成因仍然是一个充满疑问的课题。新的宝石和传统宝石新的处理方法（通常使用化学方法或是加热手段实现）一直不断被发现和发明，由此增添了宝石的多样性。宝石本身就是个美丽的挑战；它们的存在激励着人类不断地去探索大自然的奥秘。（梁璐　译）

多种彩色宝石，包括托帕石、紫水晶、海蓝宝石、摩根石、金绿宝石、橄榄石、烟晶、黄水晶、方解石、磷锰矿、紫锂辉石和萤石，重量14.92~454克拉不等。

什么是宝石？

本章的目的是回答“什么是宝石”这个问题，并讨论用以区分宝石的一些属性。本书剩下的部分将宝石按矿物族分类；开始的将是传统“名贵”宝石，接下来是彩色宝石，最后是有机宝石、稀有少见宝石和装饰材料。然而，除了四大“名贵”宝石：钻石、红宝石、蓝宝石和祖母绿——现在还没有一个系统或是共识可以很好地为宝石排序，因为宝石的美丽和特点通常与品位以及和文化有关。珍珠、玉石和欧泊通常被高度认可，但若是要给它们排序——谁知道怎么排啊？不仅如此，人们的品位以及对某些宝石的使用率是随时间而改变的；今天的排序在十年之后看可能会明显不同。你毫无疑问有自己最喜欢的宝石，但是通过浏览全书，你一定会有美丽的惊喜。

回到我们题目中的问题：对于我们来说，一颗宝石是指经过雕琢——切割、成型或抛光等用来增强其自然美感的手段——的宝石原石。宝石原石是原始未加工的材料，而宝石是已完成的产品。大多数宝石原石都是矿物，不过也有一些岩石和少数曾在地球上生活过的动物或植物的有机产物。一颗宝石级红宝石是由一块刚玉矿物切磨得来的；青金石和玉石是岩石；珍珠、琥珀和煤精则是有机物。

宝石的构成

岩石和矿物代表了物质组成的两种不同程度。原子是构成矿物的砖石；矿物是构成岩石的砖石；而岩石组成了地球。岩石是矿物颗粒的物理集合。由于颗粒之间的缝隙常常使得岩石不透明，因此形成了岩石的颜色，或者有时是它们的韧性和半透明度，或是两者兼有，使得一些岩石成为吸引人的宝石。相较而言，矿物更经常被评价为宝石材料，因为它们通常透明并且可以被加工成闪闪发光的宝石。矿物通常是结晶体，这使得其可以成为高透明度的宝石——晶体——并获得有趣的光学特征。

美国自然历史博物馆中的一个石英矿物展示柜，里面存放了紫水晶、黄水晶、烟晶、伴有围岩的晶体、芙蓉石、发晶和绿水晶。

晶体意味着组成矿物的原子——自然存在于92种元素中的一种或多种元素的原子——是在三维空间内按照一定的规则重复地呈几何序列排列，从而形成晶体。人们通常通过晶体的平整表面，也就是晶面，来判认晶体。晶体可以小到肉眼不可见，也可以比一辆汽车都大，但是它们的晶体特征和原子序列从里到外都是一样的。原子的几何排列称为晶体结构。原子之间的相互连接的实现归功于化学键——电场力和原子中电子的相互作用力——是化学键将矿物黏合在一起，并使得矿物具有其性质。矿物的化学成分是非常受限的，一般化学式比较简单。比如刚玉是一种天然铝氧化物，Al_2O_3。现在已知的大约5 000种矿物的界限是由化学成分和晶体结构来界定的。

晶体的规则形态是晶体内部原子对称重复排列的外在表现。形状的重复方式决定了晶体对称性。晶面可以沿一个平面重复（反映操作），可以沿一个轴对称（旋转操作），可以沿一个点对称（反伸操作），一个晶体上可以有一种或多种基本对称要素。举个例子，一个六方柱的绿色绿柱石晶体在沿着其中心轴旋转60°时保持不变，说明它的晶面是六次旋转对称的。有些矿物不存在对称要素，有些矿物有许多的对称要素。一个晶体上可以存在的对称要素种类受其原子形成固态晶体时在空间中重复排列的方式限制。晶体只有七种基本晶系，15页的图中有所展示。晶体的对称型不仅像六方柱的绿柱石的例子中那样只是用于区别矿物晶体的一些性质，比如硬度和颜色在不同的方向上都有差异，这些都与晶体的对称性有关。因此，宝石从一颗晶体中被切割出来的时候，不仅要利用它透明、坚固的均一性特征，而且非常可能还要利用其与结晶方向有关的特征。

矿物晶体的形成通常由晶核，一些凸起或是矿物表面开始，接着不断地有原子层在晶体的外表面堆积。一些矿物，尤其是碧玺等宝石矿物，其晶体上出现的同心色带就是这种层生长方式的一个佐证。晶体的生长通常发生在温度、压力和化学条件有利的时候；但是大部分的矿物晶体，比如岩石中的颗粒，都没能形成具有平整表面的对称型，因为它们通常会长到其他的晶体内部或是挨着生长。晶型良好的晶体非常稀少，因为它们的生长不仅需要合适并且稳定的生长环境，还需要生长的空间，比如空腔这种不会使晶体生长受阻的地方。不过即使这些条件都满足，完美对称的晶体还是很稀少。

晶系的概念是用来指矿物这种晶体的实际形状或可以出现的形状的集合。比如说，某一种晶体产地常见晶系是柱状，其横截面含有平行的面，使得横截面呈凸多边形状。一些矿物，比如金绿宝石，经常有 2 个晶体生长在一起，这样的情况称为双晶。两个或以上的晶体之间相互紧密接触，也就是“交生”，可以让晶体有一个其单个晶体出现时所没有的对称度更高的外观，比如说出现一个晶体本身不具有的六次对称轴。一些矿物会形成大规模的岩石状集合体，比如软玉玉石或是石英质玉石。矿物的晶系可能会有所不同，这是由晶体生长时的环境决定的。

具有同种晶体结构的矿物会被划分为一族——原子排列方式相同，但是化学成分不同。石榴石族就是一个具有很多种类矿物的矿物族。两种宝石锰铝榴石 $Mn_3Al_2Si_3O_{12}$ 和铁铝榴石 $Fe_3Al_2Si_3O_{12}$。由于锰（Mn）原子和铁（Fe）原子的原子大小相同，锰铝榴石和铁铝榴石之间可以形成连续混溶。这种混溶形成的产物叫做固溶体，这种现象对于像石榴石这样的宝石的多样性（和复杂性）有重要的作用。以固溶体系列内的矿物命名一度十分普遍，不过现在是含量更多的矿物种类决定矿物的名称；如某石榴石中含 55% 的铁铝榴石和 45% 的其他种类石榴石，则其名称应定为铁铝榴石。

矿物的不同颜色或成分的变体被定义为类质同相变体；例如：祖母绿是绿柱石的一种类质同相变体。宝石相关的定名要比矿物的定名多。

宝石的重要特性

宝石最显著的特征就是它的美丽性，之后才是耐久性和稀有性。不过如果没有美丽性，其他性质的意义就很小了。红宝石、祖母绿和绿松石的美丽性主要依赖于明艳动人的颜色，而钻石的美丽性取决于完全无色以及高明亮度。无瑕的透明度是钻石、海蓝宝石和托帕石的美丽性的决定性因素，内含物的存在是红宝石和蓝宝石的星光效应以及一

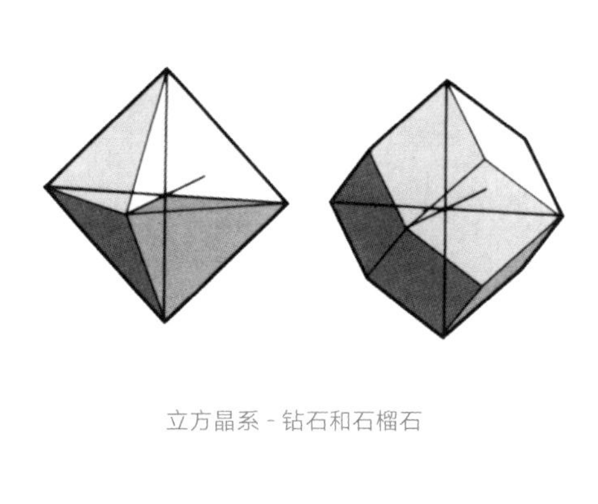

立方晶系 - 钻石和石榴石

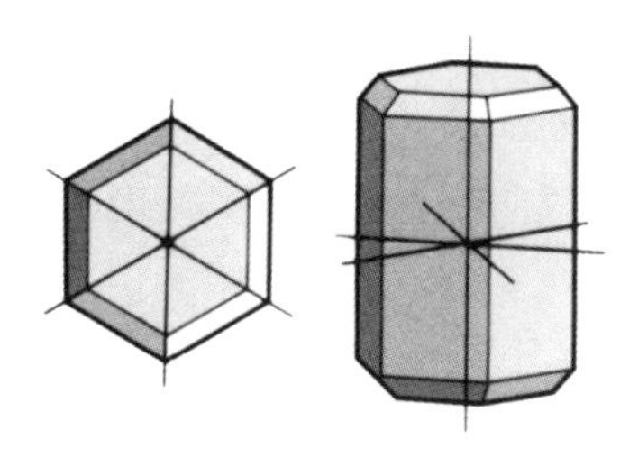

六方晶系 - 绿柱石

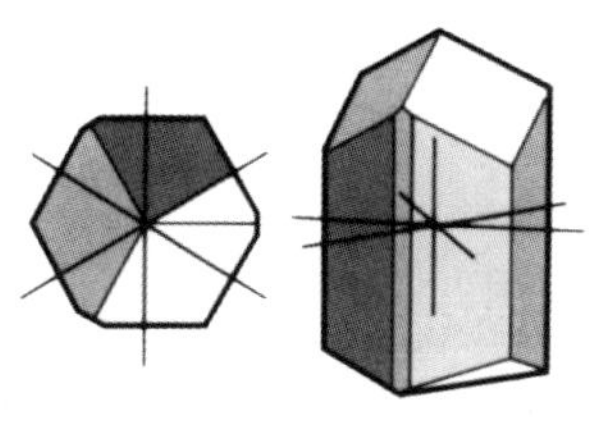

三方晶系 - 电气石（碧玺）

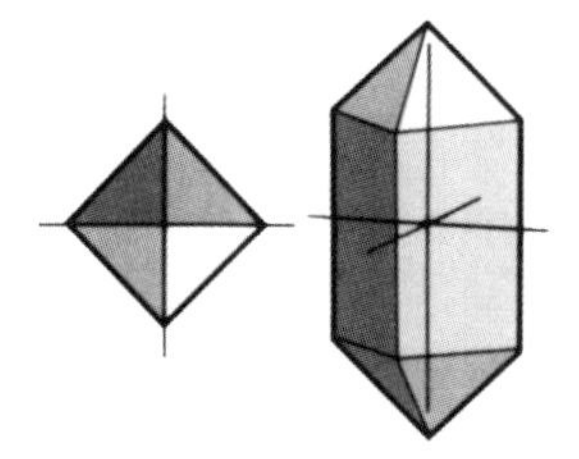

四方晶系 - 锆石

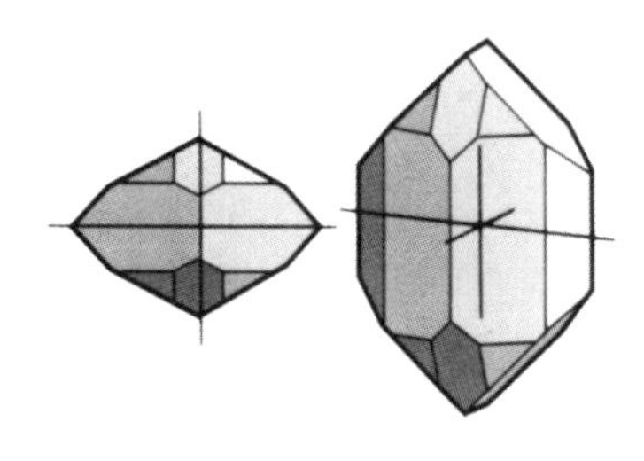

斜方晶系 - 托帕石

单斜晶系 - 正长石（长石）

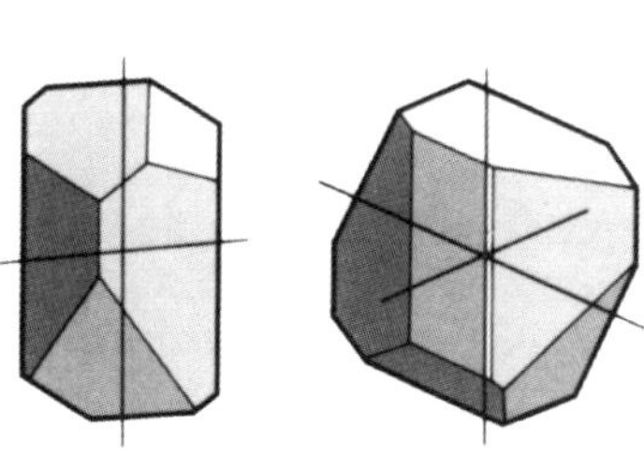

三斜晶系 - 锂磷铝石

晶体对称型 对称与原子重复排列使得自然界的矿物只有 7 种用来判别晶体的基本几何结构。图中所示为七大晶系的宝石矿物的晶体和对称轴。

些宝石的猫眼效应存在的重要原因。欧泊中生动的变彩效应和拉长石与月光石中悦目的晕彩是这些宝石所独有的，玛瑙也具有许多特有的光学效应。为了了解是什么使得宝石拥有其最重要的特征和美丽性，我们需要研究光在通过矿物时与矿物的相互作用。

光、视觉和颜色

颜色来源于光，光与物质的相互作用，以及我们感知作用结果的能力。我们看到的颜色是未被吸收的、经过反射和传播的光。宝石中颜色的成因有很多。

如果某种矿物的颜色是自身固有的，那么它的颜色被称作自色，即“自身所具有的颜色”之意。孔雀石是一种碳酸铜矿物，它的颜色通常是绿色的，因为形成其颜色的铜是这种矿物的固有成分。

一些矿物的颜色归功于物理作用，例如矿物自身内部的分界和杂质造成的颜色，这种情况产生的颜色被称为假色，即“假的颜色”之意。例如，玉髓是颗粒极为细小的一种石英质玉石，其内部可以包含铁氧化物（赤铁矿）的小片，从而导致整体显示红色。贵欧泊中光的物理散射（后面会提到）造成的变彩效应也是假色的一种。

他色（即“外来原因导致的颜色”之意）的宝石通常在纯净状态下是无色透明的，但是当晶体成分发生轻微变化或者微小的结构缺陷时会产生颜色。这样的宝石数量最多，但是单凭颜色无法对这些矿物进行鉴定。刚玉中一些特定过渡元素对铝离子的替换会产生多种颜色：一些铁和钛会产生蓝宝石的蓝色；只有少量铁元素存在时会形成黄色蓝宝石；少量的铬元素会形成红宝石。（过渡元素是指位于化学元素周期表中间部分元素，这些元素的电荷能量转化可由吸收可见光实现，因此可以产生颜色。）同一种元素可以产生不同的颜色；本应无色的绿柱石中少量的铬元素替换铝元素可以产生美丽的祖母绿。其他可以产生颜色的过渡元素还有锰、铜和钒。

晶体中的损伤和错位也能产生颜色。烟晶的致色原因是存在替代杂质的晶体受到放射性损坏。这种损伤可以是由天然出现的邻近石英晶体的放射性矿物放射产生，也可以由核反应器中的亚原子颗粒轰击得来。这种来源的颜色统称为色心致色。

一些晶体中的颜色随着方向改变发生变化；这种现象被称作多色性，意为“具有多种颜色”。蓝宝石、红宝石和粉色锂辉石在沿柱面方向观察时颜色较深。随着观察宝石或晶体角度的不同，碧玺等宝石可观察到两种或三种不同颜色。定向对于妥善切割具有多色性的宝石来说非常重要。

一些宝石，尤其是红宝石，具有荧光的特性；它们可以吸收蓝色光和紫外光，并释放出一些能量，这些能量在可见光谱上对应的是红色部分。这种作用的结果是更强烈的颜色——比单纯的红色更红——闪耀双眼的额外光彩。

一些宝石晶体，包括碧玺（电气石）、海蓝宝石、摩根石、金绿柱石、托帕石、紫锂辉石、锂辉石和烟晶。

宝石的闪光

宝石的另外一对与光学有关的特性是宝石反射和折射光的能力。光泽是宝石表面光的反射和散射，可分为金属光泽、玻璃光泽、树脂光泽和土状光泽。高光泽要求表面光滑以及较高的反射率。对于所有宝石来说，抛光都是提高光泽的重要工序。

另一概念，亮度，是刻面宝石的内部反射光。（“闪亮”和“灵动”被用来近似描述宝石亮度高。）这项品质是切工和折射率（R.I.）的共同结果。折射率其实是用来量化光在宝石中的传播速度的，不过是被表示为光以一定角度进入介质时的弯曲程度和光发生全反射时的临界角。切割的角度，也就是一颗宝石的比例，是根据每种宝石的折射率值特别计算过的，这样刻面的宝石就可以将进入宝石的所有光线全部反射回台面。除了具有高度对称型（如立方晶系）的矿物，其他矿物都有两个或三个折射率值，被称作“双折射的”。反射率与折射率的数值是正相关的，它们都与物质的密度有关。这就解释了为什么具有良好透明度的宝石，如钻石和蓝宝石要比大多数矿物密度要大。（密度由比重来表示，即物体质量相对于等体积的水的质量。）

一颗宝石中火彩的产生与一种叫色散的现象有关。白色光的成分色光在宝石中折射时的弯曲程度不同，原因是不同波长的光在宝石中传播的速度不一样，也就是折射程度不一样。光经过棱镜时分散成多种颜色的彩虹证实了这一事实。对于两颗同样尺寸、同样切割的不同宝石来说，色散率更高的那颗会呈现更好的光谱色，或者说火彩；钻石会比石英质宝石的火彩好。在有色宝石中，色散会被宝石原有颜色遮盖，所以在这些宝石中这项特性并不太重要。

光的散射

小的甚至显微级别的裂隙会在宝石中形成令人惊喜的视觉效果。透明材料中平行层之间的反射会形成珍珠光泽。珍珠是由同心层构成的，因此这种光泽以珍珠命名。猫眼效应（chatoyancy，由法语翻译而来）是特定宝石被切割成拱形并良好抛光后的内部反射光在宝石表面形成的光带。猫眼效应是由许多平行排列的平直纤维状包裹体散射光线到垂直于纤维状包裹体的方向形成。在刚玉中，可以出现沿三个方向排列的针状包体，从而形成多个猫眼呈六射星光状。这种情况被称为星光效应。星光只有从包体的交叉点的轴线上才能观察到。

小的裂隙中发生的散射通常会产生颜色。在月光石中，薄层和小的椭圆状物散射蓝色光最有效，因而产生了特征的蓝色光辉。周期性排列的小颗粒会通过光学衍射来散射单色光，这种现象很常见，在鸟的羽毛和蝴蝶的翅膀上都可以观察到。宝石中最好的例子是贵欧泊。还有很多其他的宝石中发生类似的色散现象而产生颜色，比如火玛瑙。

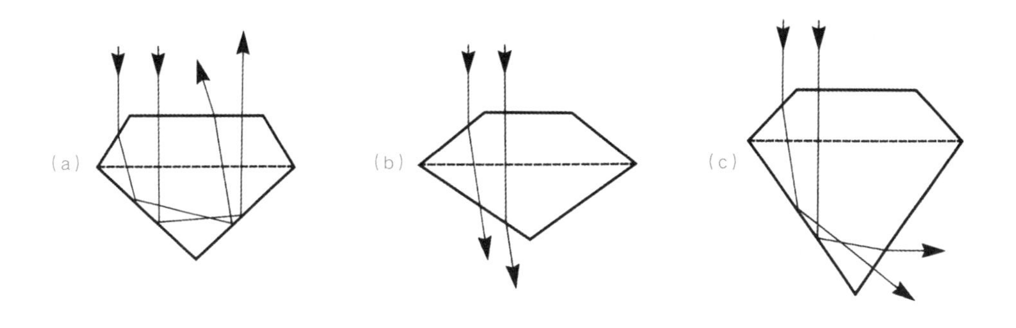

折射率和亮度 一颗经过考虑其折射率后妥善切割的宝石会反射回进入宝石的光线（a），从而使其明亮度达到最大。切得太浅的宝石会发生“漏光”（b），切得太厚的宝石（c）的明亮度会被消减。

光的色散 白光射入玻璃棱镜（左图）和一颗无色宝石（右图）时由于色散作用而被分解成成分色——这种现象在宝石中的结果就是产生火彩。

耐久性

耐久性是计量一种宝石价值的最重要的物理性质。耐久性有三个方面：硬度、韧性和稳定性。硬度是抵抗刻划的能力，也是物质内部化学键强度的度量。1822 年，德国矿物学家弗雷德里希·摩斯（Friedrich Mohs）提出一种硬度计量方法，其中包含 10 种矿物，这 10 种矿物以它们抵抗其他矿物刻划的能力进行了排序：1 是最软的，10 是最硬的。这种硬度计量法是相对线性的，也就是说每种矿物都比之前的矿物硬 1 个度。钻石的硬度是 10，不过它的硬度是异常的；如果要与其他矿物的硬度线性相关，它的硬度应该有大概超过 80。钻石是被极强的化学键黏合在一起的。

石英的摩氏硬度是 7，它是灰尘的主要组成部分，因此硬度小于 7 的宝石很容易被刻划，尤其是戒指，也很容易发生磨损。

韧性是宝石抵抗破裂、碎裂和击打的能力。晶体所面对的首要威胁是晶面很脆弱；晶面代表着晶体结构中化学键相对较少或较弱的方向。这通常会导致解理——沿一个平面裂开。钻石是最坚硬的矿物，但它还是缺乏韧性，因为它具有八面体的解理面。大部分订婚钻戒上的钻石在经过日常的佩戴和磨损后都会出现小的破损角。托帕石虽然硬度为 8，还是缺乏韧性。托帕石有一组完全解理，因此很难切成刻面。一些宝石在内应力作用下容易破损，这样也会降低其强度。欧泊和黑曜石在物理或热冲击下容易破裂。软玉玉石的硬度为 6～6.5，是韧性最好的宝石。由于软玉内部纤维状的晶体呈网状紧密地相互紧扣，软玉可以被切割成最复杂的形状。另外一个韧性好的宝石是珍珠；珍珠即使掉在坚硬的地面也不会摔坏，虽然它的硬度只有 3。

稳定性是宝石抵抗化学或外部作用导致的结构改变的能力，是宝石耐久性的重要因素。欧泊中含水，水会在干燥的空气中蒸发；水分蒸发带来的后果就是破裂或因为体积减小而产生裂纹。珍珠会被酸、酒精和香水破坏。多孔的宝石如绿松石会吸收皮肤上的油脂和颜色。一些紫锂辉石和紫水晶的颜色因为暴露在阳光中而变淡。不过大部分的宝石在佩戴者放置它们的环境中都是稳定的。

摩氏硬度表

1. 滑石	6. 长石
2. 石膏	7. 石英
3. 方解石	8. 托帕石
4. 萤石	9. 刚玉
5. 磷灰石	10. 钻石

宝石从哪儿来？

在矿物王国中宝石并不常见，而且宝石的形成需要非同寻常的地质条件。宝石可以在地壳的任何深度形成，甚至是在地幔之下。三种成岩环境——火成、变质和沉积——都能形成宝石，不过以前两种为主。伟晶岩是重要的宝石来源和出现地。尺寸达到几英寸和几英尺的晶体常出现在花岗伟晶岩中。宝石晶体从融化的岩石（也就是岩浆）中结晶，此时已有大量的花岗岩凝固。岩浆残余物富含挥发分，如氟、硼、锂、铍和水。挥发分促进了大型晶体的生长，同时也是海蓝宝石、碧玺和托帕石等宝石的成分。巴西米拉斯·吉拉斯的伟晶岩、俄罗斯的乌拉尔山脉、马达加斯加，以及加利福尼亚的圣地亚哥，都因其宝石级的晶体而引人注目。

另外一个宝石被发现的环境与其原始形成无关，即沉积矿或（河流的）冲积层。暴露在地球表面的岩石表层上的矿物被冲刷到河流中（和沙滩上），聚集为砂砾；耐久性差的矿物在此过程中破碎并被冲走。密度大的矿物由这种方式集中最为有效。冲积层中的宝石通常比在岩石中找到的宝石要高档，因为只有最坚固、最完美的品种才能在颠簸的搬运中保留下来。

宝石和宝石市场

实际问题也会决定哪种矿物和岩石可以被作用宝石。某颗原石产出的尺寸是否足够大能够被切割成合适大小的宝石？许多产出重至几克拉的干净晶体的矿物都可以被用作宝石。例如橄榄石是常见的矿物，但是地质产出尺寸合适的绿色橄榄石晶体非常稀少。

为了能够在市场上流通，宝石必须有足够的供应量来保证满足不断增长的需求。不充分的供应只会导致无法生存的经济。如今经济的

加利福尼亚州圣地亚哥的喜马拉雅矿中的伟晶岩墙，这处伟晶岩墙因出产锂电气石以及锂电气石从岩墙表面到核心位置的典型分布而闻名。

来自中国、日本的一些古代和现代的雕刻品，包括巴西发晶水晶球和玉雕福狮、和田玉璧、青金石船、蛇纹石玉盒、黄色蛇纹石花瓶、玛瑙花瓶、玛瑙鱼、孔雀石花瓶和一个类似海蓝宝石的玻璃花瓶。

主要问题经常是资源的损耗。亚历山大石从来没有大量出产过，但是现在亚历山大石的供应太过稀少以至于很少有样品能够进入市场。结果就是，虽然亚历山大石惊人地美丽，发现时间也很短［1987年在巴西的赤铁矿场（Lavra de Hematita）发现］，但亚历山大石却是最不为人所知的宝石，只有一些收藏家和宝石专家才对其有所了解。

宝石是因为稀少才有价值的吗？由于宝石常被视作社会地位和财富的象征，稀有度是重要的。一颗宝石不会因为产量过于丰富而失去魅力，但是货币价值必然会受到影响。

克拉，宝石重量的标准计量单位

克拉（carat）的简写是ct

1克拉=0.2克

5克拉=1.0克=0.035盎司（常衡）

141.75克拉=28.35克=1盎司

不要将克拉（carat）与开（karat）混淆，开是金纯度的计量单位。这两个概念可能都起源于中东，用来计量角豆树种子的重量。这种树种子重量一致，在古代市场中用作秤的砝码。

宝石的评估

宝石的评估是寻求与完美的对比的过程。每种宝石中各种性质的品质都有很大的浮动空间，不同的宝石并没有绝对的标准去比对。

颜色（Color） 一颗颜色优良的宝石，其颜色要有一定的深度，不能太浅看不出颜色，也不能太深显得发黑。颜色饱和度不同可能会使得两颗宝石的价格有显著差异。颜色应当均一，而不是斑驳的或是有颜色分区。对于某些宝石（如紫水晶）来说，在颜色均一的部位切割宝石是最重要的。不过在一颗有多种颜色的宝石中，颜色分区清晰、界限笔直要比颜色均一度更重要。

净度（Clarity） 这项性质在大多数宝石中都很重要，而有些宝石则不然。绿柱石中就有两种宝石品种对于净度的可接受限制有所不同。一颗优良的海蓝宝石应当是完全无瑕疵的，但是一颗好的祖母绿一定会有一些小的内含物。事实上，一颗没有内含物的祖母绿会被怀疑是人工合成的。无瑕透明——也就是说没有内含物和裂隙——对于像钻石和托帕石这样的宝石的美丽性至关重要。

质量（Weight） 宝石的质量一直以来都是决定价格的重要因素。红宝石、钻石和祖母绿的价格随着质量的增加会戏剧性地增长，因为大颗粒的晶体非常稀少。这种增长体现在克拉单价的实际增长。托帕石、海蓝宝石和岩石晶体的价格随着尺寸增加的增长就少得多了，因为这些宝石的大颗粒晶体相对来说比较充足。当宝石的尺寸太大而不能妥善镶嵌在珠宝上时，其单位价格将不再增加，甚至开始降低。

切割和抛光（Cutting and Polishing） 对于不透明的宝石来说，只有表面的性质是重要的。不透明的宝石很少被切割成刻面，更多的情况下是被抛光成具有圆形光滑表面的形状。素面（“光头”）宝石具有圆形的冠部和平的底部，这种形状常用在半透明或不透明宝石上，以及具有猫眼、星光，以及变彩等特殊光学效应的宝石上。

透明宝石会被切割成刻面。切割过程包括使用带磨料（通常是钻石）的锯片切割，用磨料研磨，以及抛光刻面。切割也意味着宝石款式的成型和风格。刻面和合适的比例对于完整展现透明材料的美丽至关重要，尤其是钻石的火彩。钻石刻面的切割最早出现在 14

世纪，但是切割工艺的大规模研究是在 19 世纪南非钻石大发现时期出现的。我们现在知道，刻面之间的特定角度能够使得射入宝石的光线全部反射出来，从而使得宝石具有最高的亮度。圆形明亮型切工以及它的一些变形（椭圆形、梨形、马眼形和心形）和阶梯形切割是最常见的切工。新式切工的美丽性和市场份额现在也有所发展，尤其是用于钻石，如公主型、三角型和放射型。

切割和抛光的质量是所有宝石评估的另外一项重要指标，对于钻石来说尤为明显。许多商人会购买切工差的或比例不好的宝石来重新切割，虽然质量会减少，但是价值反而会提高。

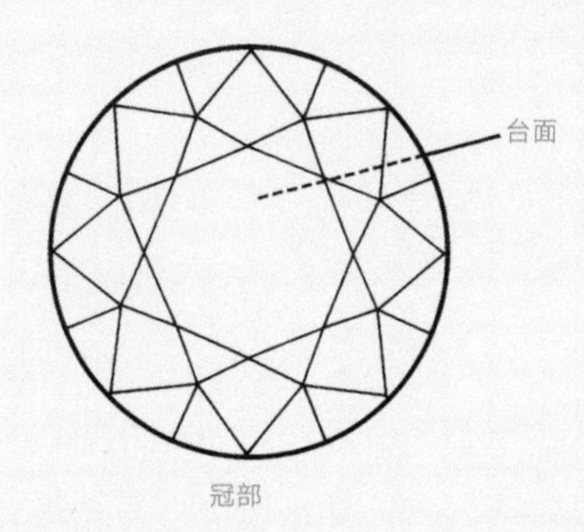

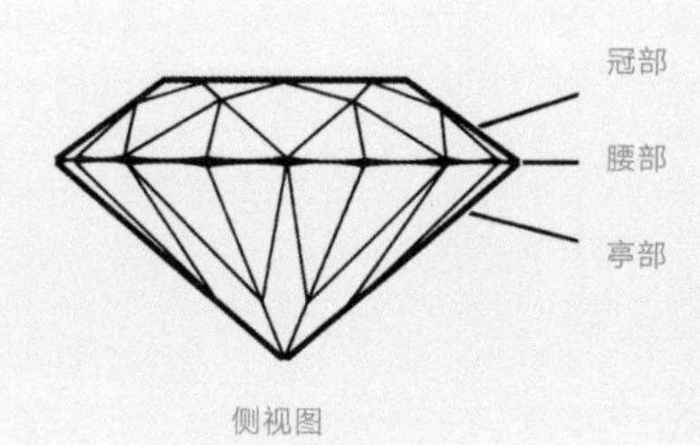

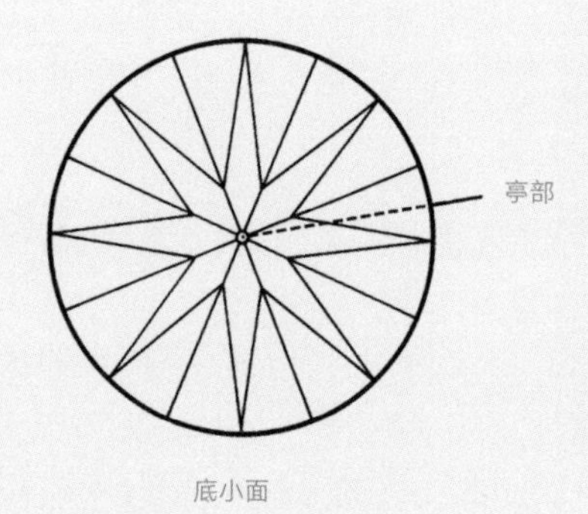

刻面 圆明亮型切割的宝石各个不同部分和刻面的名称。

宝石优化 近几十年来，通过化学和物理手段优化宝石变得非常常见。辐照被用来增强或是改变许多宝石的颜色。对于一些宝石，化学处理方法和填充手段被使用；处理方法有漂白、加热、浸蜡、塑料填充和染色。加热处理可以改善宝石的颜色、提高宝石的净度，这种处理的效果非常显著，以至于动摇了天然宝石与合成材料之间的界限。在极高温度下对像蓝宝石这样的宝石进行元素的扩散处理可以改变颜色。不是所有的处理方法现在都可以被检测出来。在 1989 年，由于消费者的要求，国际有色宝石协会的会员采用了一条决议来公开了宝石的优化。美国宝石贸易协会出版了一本宝石优化的指南和编码，被其会员在宝石贸易中用作针对公开优化信息的条款。

宝石替代物 宝石替代物是指具有和某种宝

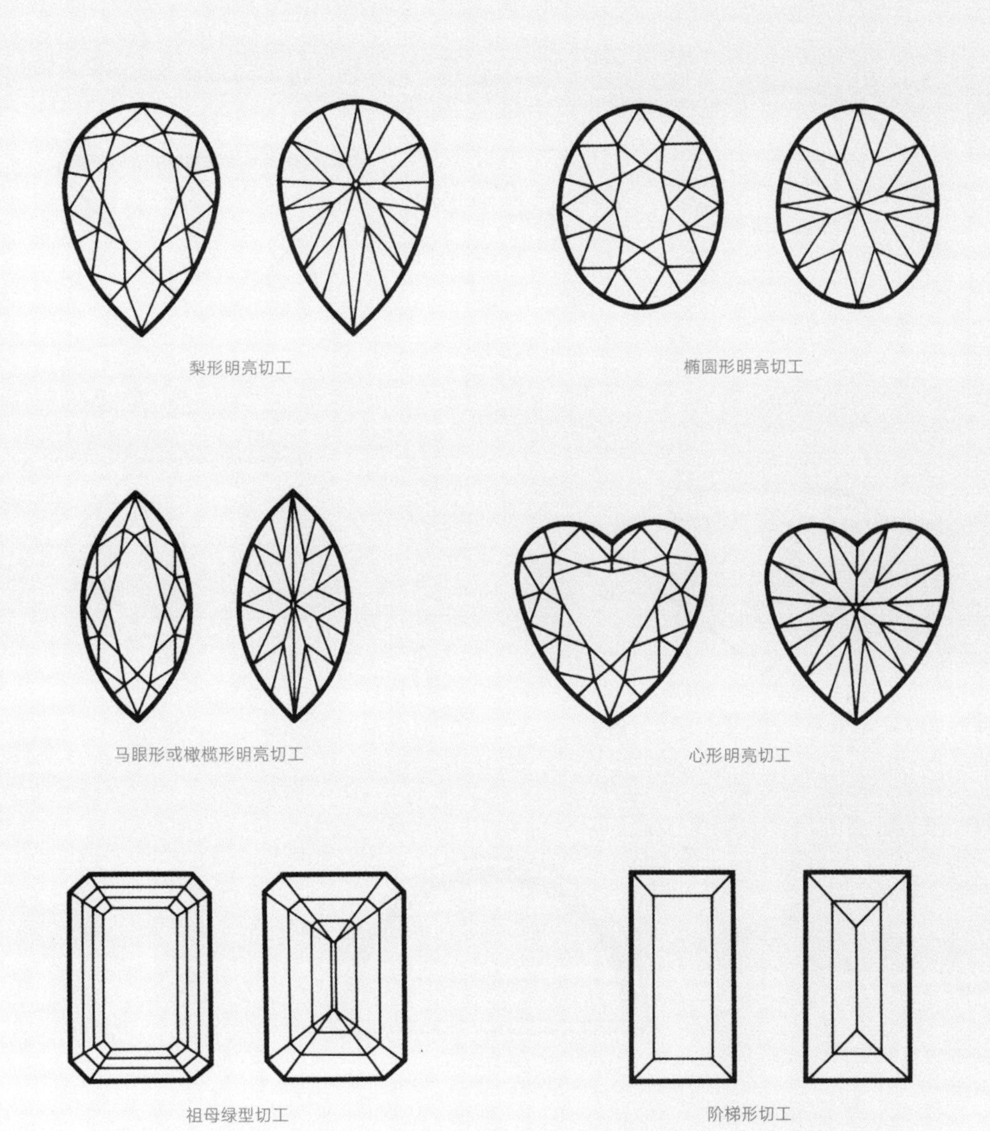

宝石切工　一些流行的宝石切工，从台面（顶部）和亭部（底部）观察。

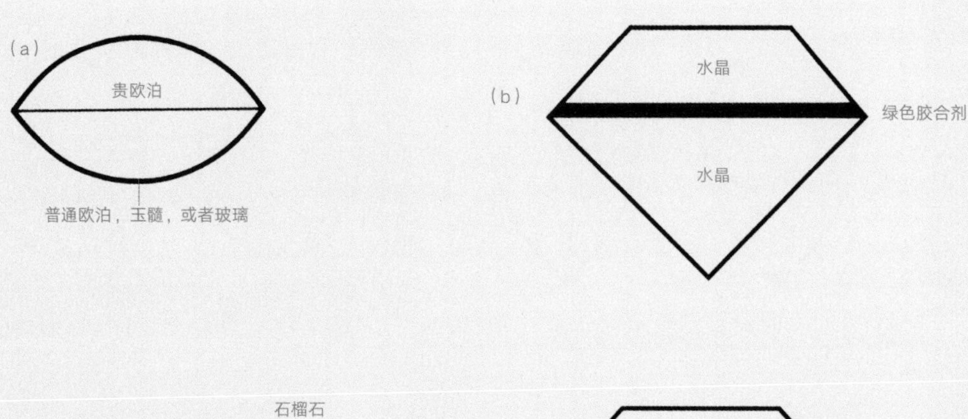

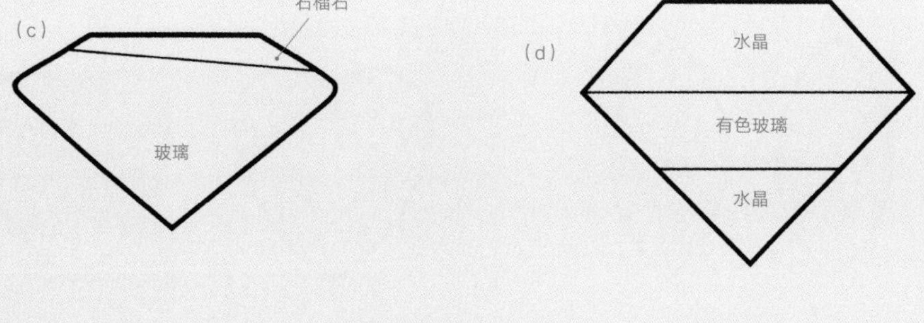

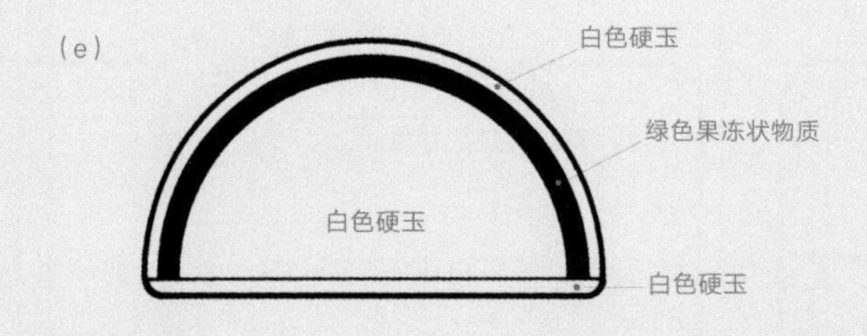

拼合宝石 一些拼合宝石的例子：(a) 欧泊二层石；(b) 祖母绿苏打二石；(c) 石榴石二层石；(d) 水晶三层石；(e) 硬玉三层石 。

石性质相似的材料，这些材料常会被弄混。一颗相对不太昂贵的宝石可能会被用来替换价值更高的宝石，比如柠檬晶被用来替代贵托帕石。这种做法被认为是欺诈。

人造的替代物被分两个门类：合成品和仿制品。合成品和天然材料具有相同的物质成分，不过是在实验室中生长的。合成宝石从19世纪晚期就开始商业化生产了；第一种被合成的宝石就是红宝石。最初，有人担心便宜的合成品会稀释天然宝石的市场，进而降低后者的价值；不过这种情况并没有发生。分辨天然宝石和合成宝石并非易事。天然宝石经常会含有一些内含物，这些内含物可以被用作身份认定，而合成宝石有时会具有一些明显的特征，如生长线和气泡，这些都是合成过程遗留下来的。区分几乎完美的天然宝石与合成品需要精密的技术。宝石检测实验室因此不得不配置最新的科学设备用来鉴定宝石，同时还需要随时跟进合成、仿制和优化处理技术的进展。

仿制品通常没有天然的对应物，但是具有一些与天然宝石相似的光学特征。立方氧化锆——锆的氧化物——非常便宜，材料现成，而且与钻石非常相似，因而替代了现在被用作钻石替代物的所有材料。更近期的材料是莫桑石——碳化硅——已经进入了市场；不过，合成的钻石也开始在天然钻石替代品的领域扮演越来越重要的角色。

宝石的仿制品早已有之。它们可能是玻璃、塑料，或是由两个（二层石）或三个（三层石）部分组成的拼合石。这些部分可能是真正的宝石，也有可能是仿制品，也有可能两者都有。一颗逼真的玉石仿制品通常是一颗三层石，它有一个中空无色的拱形硬玉做顶，中间充满了绿色果冻状的物质，底部与一个硬玉的平坦底黏合。这样的一颗宝石颜色会非常好看，但是随着绿色的填充物变干，它的颜色会逐渐消失。欧泊被做成二层石和三层石很常见，一般是使用一个薄缝一样的欧泊宝石材料，同时用其他材料来保护中间脆弱的宝石。除非是欧泊，其他宝石的拼合石一般会被合成材料取代。（梁璐　译）

1929 年的摩根宝石展厅。

第二部分

宝石与晶体

钻石

DIAMOND

钻石是宝石具有双重价值的最佳范例。一方面，钻石因其极致的明亮度及璀璨的火彩而成为无色宝石世界里独一无二的典范，另一方面，它是最坚硬的一种物质。只有使用金刚石磨料才可以为钻石切磨塑形。作为一种拥有神秘性质的古老宝石，钻石最早的来源地是印度。尽管在那里人们充分认识到钻石的高硬度，但是人们仍旧相信钻石价值的源泉是钻石的固有晶形及其独特的光学性质，理想的钻石是干净的、透明的、火焰般的八面体晶体。八面体晶型是钻石晶体唯一的晶体习性，并且由此使钻石显现了“璀璨夺目的颜色”，即矿物理想的高色散。虽然钻石八面体并不是罕见的，但那些能充分而完美地展现钻石火彩的钻石八面体却是非常少见。这个如何获取“完美”钻石的问题可能要通过重塑（切割和抛光）发育不良的钻石来解决，使钻石呈现闪耀的外观，同时改善钻石的八面体外形。然而，对钻石的任何改变都曾是禁忌的，因为人们认为这些改变注定要破坏钻石的神秘性。长久以来人们都把钻石那火一般闪耀的光学效应与美德联系起来。

钻石参数 *

化学成分：C

晶体对称性：等轴晶系

解理：四个方向上的完全解理，沿着八面体的方向

硬度：10

比重：3.514

折射率：2.417（高），极好的明亮度

色散：高，极好的火彩

*请参见11—31页——“什么是宝石？”——对数据的解释以及术语的描述。

对页：欧罗拉收藏的世界各地的天然有色钻石，质量为 0.75~2.16 克拉（之前从欧罗拉宝石有限公司处借出）。

性质

钻石结构内部的每一个碳原子与周围相邻的碳原子之间相互作用，产生极强的化学键，使得钻石具有很高的硬度。在这种八面体或者立方体形状的晶体内，内部原子构造使得这样的晶体结构具有高度的对称性。然而，结构中的某一个方向总是较少地被化学键穿越，这一性质使得钻石具有重复出现的呈八面体对称的完全解理面。通常情况下，当钻石被切割成刻面宝石时，钻石总是沿着这些完全解理面裂开，从而形成更小的块体。与此同时，因为解理的存在，使得钻石成为可以被破坏或被摔碎的刻面宝石，解理也因此成为钻石作为宝石的一个主要弱点。钻石的高坚硬度以及它致密的结构所导致的其他结果有：相对高的比重、高折射率以及强色散。这些性质使得钻石具有无与伦比的明亮度以及闪耀璀璨的火彩。

我们经常把钻石当成无色宝石，但是实际上大部分钻石都带有从轻微到明显的黄色调。一些浓烈的颜色，像是金丝雀黄、粉色、绿色、蓝色、略带紫色调的颜色以及罕见的红色等，均被称为“彩”色。这些颜色是由于一些微量元素如氮元素（大部分黄色）或者硼元素（蓝色）存在并分布于钻石晶体中所导致的。缺陷（原子缺失以及层交错等）以及辐照损伤也是钻石致色的成因，人工辐射可以产生一些颜色，有时是伴随热处理出现的。钻石经常会呈现出一种蓝色荧光，彩色钻石则在紫外光线下会呈现出各种荧光色。

从化学成分上来讲，钻石是由纯净单一的碳元素构成的，而另一种低硬度的、被用作铅笔芯的石墨也拥有这样单一的碳元素成分构成。这两种矿物截然不同的性质则是由碳原子完全不同的化学键所造成的——钻石拥有强键，石墨则拥有脆弱的化学键。钻石在常规情况下是极其稳定的，但是和其他晶体宝石不同的是，当在空气中被极高温加热，钻石会变成二氧化碳并且消失。

历史

钻石的历史至少可以追溯到公元前 800 年的印度，在那时钻石就已经作为备受尊崇且具有高价值的宝物而存在了，而且在接下来的 2 500 多年里，印度一直都是钻石

单晶和双晶的钻石晶体，尺寸最大值是 1 厘米。

的唯一产地。在公元前 1 世纪，钻石以及它那具有超自然力量的声誉传到了罗马。普林尼把钻石描述成可以刻划一切的物质，并且有效地使用了“金刚石”一词来为这个世界上最坚硬的物质命名。这个词源自希腊，意思是“不屈服的”或者“不可打败的”，非常贴切地描述了钻石的硬度。

公元 1 世纪，杰出的罗马人佩戴镶嵌有未切割钻石的金戒指，并以此作为护身符，皇帝用钻石作为奖品犒劳将领们，那段时期的钻石样品都是带有黄色色调或者棕色色调的，很有可能是因为当时印度并未出口最好的钻石，而且几乎可以肯定的是，这些钻石主要是因为它们所象征的权力而不是美丽的外表才被人们所选择和佩戴。

根据普林尼的描述，钻石仅仅被帝王们所熟知，然而实际上，即便到了 19 世纪，也只有寥寥无几的帝王们曾拥有过钻石。法国的路易九世（Louis Ⅸ，1214—1270）颁布了一道命令，禁止包括皇后和公主们在内的女人们佩戴钻石。查理七世（Charles Ⅶ，1403—1461）的情人，艾格尼丝·索雷尔（Agnes Sorel）大胆佩戴了钻石，历史上认为是她将钻石推广到了法国宫廷。到了 15 世纪下半叶，钻石被更频繁地佩戴着，但仍仅限于皇室家族。然而作为结婚戒指的历史则要追溯到公元前 2 世纪。在但丁的《炼狱》（*Purgatorio*）（大约 1310 年前后）里提到了戒指上的宝石们。1477 年，哈布斯堡王朝的皇帝马克西米利安一世（Maximilian Ⅰ）将钻石戒指套进法国勃艮第玛丽公主的手指，由此开启了使用钻石作为订婚戒指的传统。

太阳王法国路易十四国王（Louis ⅩⅣ，1638—1715）收藏了很多高品质钻石。同是珠宝商、旅行者的让·巴普蒂斯特·塔韦尼埃，六下东洋，参观了印度的钻石矿并且带回了品质极高的钻石，他也被认为是为皇室传播钻石最有影响力的人物之一。虽然我们不能很清楚地知道到底开始于谁，但是可以确定的是钻石切割始于 14 世纪的印度和欧洲，至此，钻石开始真正成为现代意义上的一种宝石，它那璀璨耀眼的火光为它赋予了无与伦比的价值。然而钻石的琢型却历经了几个世纪的发展，在文艺复兴时期的画作里显示，最早的钻石呈现白色包边的黑色八面体外观。

到了 18 世纪，钻石成为最有价值、出类拔萃的宝石，同时也变成了财主大亨们的专属玩物。最高统治者操纵着它们的所有权。钻石背后的利益与权力使得钻石的历史读起来像冒险故事和神话故事一样刺激而丰富。

印度的钻石生产从 18 世纪开始衰落，但是在 1725 年，人们在巴西的特乌科

马克西米利安国王和勃艮第的玛丽以及他们的子孙们的画像，出自伯恩哈德·施特里格尔，约 1516 年前后。玛丽收到了国王送给她的钻戒，是第一枚已知的订婚钻戒。

Tejuco）发现了钻石，该地后来被改名为迪亚曼蒂纳（Diamantina）。其他的钻石矿区也陆续被发现，在这之后巴西就成为了世界的主要钻石供应国。到了 19 世纪末，巴西的钻石生产开始衰落，一系列的事件戏剧性地改变了钻石的世界格局。

1866 年，在南非奥兰治河附近的德卡尔克农场内，伊拉姆斯·雅可布（Erasmus Jacobs）的儿子发现了大理石大小的钻石。那是第一颗在南非发现的钻石，并且被命名为“尤里卡”。在其他的一些钻石发现陆续出现之后，兴起了一阵钻石抢购热潮。

1871 年，戴比尔斯兄弟在他们的农场发现了钻石，后来人们证实金伯利矿拥有着自古以来最大储量的钻石，并且将金伯利矿投入生产。人们采用非机械化的开采方式，使地面出现了一个巨大的如火山口般的矿井，也就是著名的“大洞”。人们一桶接着一桶地挖掘了地球表面 25 万吨的泥土，但是仅仅才获得约 3 吨的钻石。

1888 年，塞西尔·罗德斯（Cecil Rhodes）创办了戴比尔斯综合矿业有限公司。

光之山 (The Koh-i-Noor)

1902 年，亚历山德拉皇后（Queen Alexandra）在她的加冕典礼上佩戴光之山钻石皇冠。

在所有著名钻石中，这颗瑰丽的宝石的历史最为悠久。1304 年，这颗宝石还在马尔瓦酋长手里。到了 1526 年，它落入了莫卧儿王朝的创始人之手，1526—1739 年，这颗钻石在大莫卧儿帝国被一代代传下去，成为莫卧儿帝国的珍宝，直到后来，波斯王纳狄尔沙赫攻入印度，纳狄尔・沙赫（Nadir Shah）将莫卧儿王朝的宝藏都作为战利品尽收囊中，但是唯独落下了那颗大钻石。有人告诉他说国王把那颗宝石藏在了包头巾里。于是纳狄尔・沙赫决定按照当地习俗宴请他的手下败将——国王——想要调包头巾。据说当纳狄尔・沙赫得手之后展开那方头巾，目睹那颗宝石滚到地上时，惊叹道"Koh-i-Noor"，光之山钻石由此得名。

不久之后，纳狄尔・沙赫手下的艾哈迈德・阿达里将军把这颗钻石拿到喀布尔献给阿富汗王朝，1810 年，艾哈迈德・阿达里（Ahmad Abdali）的儿子之一（艾哈迈德・沙阿国王当朝）逃到拉合尔的锡克国王兰吉特辛哈那里，随后他所携带的光之山就被兰吉特辛哈拿走了。锡克战争之后锡克王国被消灭，光之山钻石也随着印度国王一起由东印度公司在 1849 年被征收并呈献给维多利亚女王。后来维多利亚女王将这颗 186 克拉的钻石重新切割成重约 108.93 克拉的椭圆形明亮刻面琢型钻石。从此光之山被镶嵌在英国女王母后王冠上，存放在伦敦塔里供世人参观。

塞西尔·罗德斯在金伯利整合了复杂而庞大的债权关系，从此建立了戴比尔斯垄断。戴比尔斯的这份垄断持续了一百多年，戴比尔斯还建立了中央销售机构，分销占世界85%的宝石级钻胚。到了20世纪下半叶，随着主要钻石矿区在俄罗斯、非洲、澳大利亚、加拿大的探明和发现，戴比尔斯失去了垄断地位，钻石市场变得多元化。

随着19世纪和20世纪的发现，钻石获得了广泛的、从未有过的青睐和普及。钻石曾只是皇家的特权，这一点在15世纪时发生了巨变，拥有一颗属于自己的钻石成为了普通人具有现实意义的目标。

传说

印度人根据钻石的颜色将钻石归为四类，不同的类别为它们的持有者带来不同的特殊功效，四个主要的阶层人士可以分别拥有它们并且得到相应的帮助。婆罗门（祭司们）：权力、友谊和财富；刹帝利（地主和武士们）：永驻的青春；吠舍（商人阶级）：成功；首陀罗（工人）：好运。

根据5世纪中叶的梵文记载，钻石能保佑它的主人。它能将诱惑、火灾、毒害物质、病痛、盗贼、洪水以及鬼魅驱散。而另一个印度信仰则是有瑕疵的宝石会给人们带来完全相反的厄运——它甚至可以夺走神因陀罗的最高天堂，不仅如此，它还能给人们带来残疾、黄疸、胸膜炎，甚至麻风等疾病。

人们为钻石赋予了无穷的美德。它为人们带来刚毅的精神、勇气以及战争的胜利，它象征着恒久的稳定、纯洁以及恋人之间坚定不移的爱情。在14世纪的宝石鉴定中，据说约翰·曼德维尔（John Mamdeville）爵士认为宝石随着佩戴者的犯罪会同时失去神奇的魔力。两个世纪后，意大利的物理学家、数学家吉罗拉莫·卡尔达诺（Girolamo Cardano）指出：尽管钻石可以使它的主人无所畏惧，然而实际上，适当的恐惧以及谨慎却可以给人们带来更多安逸的生活以及生存的机会。另外，他声明钻石那明亮耀眼的光芒会干扰人们的心智，就像太阳光芒会刺激人们的眼睛那样。

几百年来，人们一直坚信钻石也是有性别之分的。希腊哲学家及博物学家泰奥弗拉斯托斯（Theophrastus，约公元前372—前287年）将不同类的钻石归为女性钻石（浅色）和男性钻石（深色）。直到1566年，一位法国的物理学家富朗索瓦·拉鲁

(François La Rue) 描述了两颗钻石能产生后代的现象。

中世纪期间，物理学家围绕钻石到底是烈性毒药还是解毒剂展开争论。钻石的毒药理论被一名果阿总督的医生，葡萄牙人加西亚 · 奥尔塔（Garcia Orta）所驳斥：他提到 1565 年的印度钻矿里的工人们通过吞咽钻石来偷运钻石，但这一举动并没有显示出什么对人不利的影响。

产地

钻石需要在超过 50 000 个大气压的压力环境下生长。这与地球上地幔内超过 145 千米深度的压力相一致。大多数钻石的地幔宿主岩石都是一种特殊的火山岩——金伯利岩。在过去的 30 万年里，没有金伯利"火山"喷发过，但是一旦发生了，后果将是毁灭性的，将不堪设想。金伯利岩浆从地幔上升到地表的速度很快，每小时大约上升 48 千米，但是气体的喷发速度却超过了声速，每小时高达 1 191 千米，相当于一个高能烈性炸药的爆炸效果。金伯利岩在近地表处从胡萝卜形的垂直火山口喷发，这个火山口被称为"管道"。

在南非金伯利周围，金伯利岩被风化，在地表附近形成一个上覆层，被称为"黄地"，在更深一层则形成了"蓝地"，人们可以在黄地和蓝地里面找到完好无损的钻石。进一步的风化作用将钻石携带至河流小溪，并且最后因为钻石的高密度而被冲积到岸上，钻石被集中到砂矿里。人们在淘金探索的过程中发现了印度和南美的钻石砂矿床。

最近的数据（2013）显示，论钻石产量，俄罗斯是世界上最大的钻石生产国，但是论产值，博茨瓦纳却是世界第一大钻石国，占到了 1 400 万美元总产值的 26%。实际上，非洲是拥有着占全世界 54% 产量以及 61% 产值的钻石大洲。博茨瓦纳是世界第二钻石出产大国，其次是刚果共和国、津巴布韦以及安哥拉。但是作为世界上最大的滨海钻石砂矿，纳米比亚才是真正的钻石王国。这里有一条极富生产力的"钻石海岸"——这里的钻石质地最纯，其中 90%～95% 以上的钻石为宝石级钻石，虽然它的产量仅占世界的 1.3%，价值却是世界总产值的 10%。

南非钻石刚开始投入生产时，在毛坯钻出口中的排名就排到了第八位。人们从巨

14.11 克拉的琢型阿姆斯特朗钻石。

人首矿（giant Premier Mine）中开采出众多最高品质且声名赫赫的钻石。在已知最大的 20 颗钻石中，有 10 颗就开采自南非。非洲其他重要的钻石产地还有塞拉利昂、莱索托、几内亚、坦桑尼亚以及加纳。

20 世纪五六十年代，人们对位于西伯利亚古老陆块的钻石岩管进行了科学探索，在这之后俄罗斯一跃成为主要的钻石出口国。钻石的主要来源是富含钻石的管状钻矿，如著名的位于西伯利亚中部的米尔钻矿、尤达克纳亚钻矿以及尤比列伊纳亚钻矿。人们在西伯利亚、俄罗斯西北部仍持续着活跃的钻石探索活动。

在最近一段时间内，加拿大一直不断地有发现钻石的消息传出。由于在美国中西部的地表涌现了许多通过冰川搬运作用而沉积的钻石，同时考虑到加拿大的地质条件，加拿大一直被当作是钻石出现的理想地域。20世纪80年代，是天然钻石岩管的重大发现时期，这些天然的钻石岩管全部作为重要钻石矿区开采，其中包括艾卡迪、戴维科、斯纳帕湖、维克多等著名钻石矿区。全世界很大比例的宝石级钻石晶体都开采自这里。

印度的冲积矿床曾是最早被发现的钻石矿床，很多历史上著名的钻石都产自于

金色王钻，重65.60克拉，首次出现在1937年的法国巴黎世界博览会以及1939年的纽约世界博览会上，被世界最富有的君王之一所拥有。在随后的1976—1990年的15年间被其拥有者匿名借出，存放在摩根音乐厅中。

此。戈尔康达（Golconda）这个古老而著名的矿源名字与“财富矿区”同义。18 世纪印度钻石业衰落，现在只有小规模的钻石勘探和开采。而古老的钻石出产国巴西到了现在，也仅仅只是一个小的钻石供应国。

血钻（Conflict Diamonds）

从现代视角来回顾作为宝石的钻石，那就不得不提到钻石非常重要的组成部分之一 ——非洲内部的血钻。20 世纪 90 年代，军队通过奴役工人开采钻石来获得钻石交易带来的高额利润，从而扩充军用装备。血钻的存在抹黑了整个钻石行业，因此相关各方以及政府在 2002 年签订了《金伯利进程证书制度》的协议，规定钻石原石在出矿、进出口时必须配有一份证书以证明其为“非血钻”。目前这一方法仍在继续，据报道，这对于绝大多数进入市场的钻石都是非常有效的。

评估

钻石的评价体系是建立在“4C”标准之上的，即克拉重量（carat）、颜色（color）、净度（clarity）以及切工（cut）。

克拉重量　一颗 2 克拉的钻石的价格是两颗 1 克拉钻石总价的两倍多，同时大幅地超过四颗 0.5 克拉钻石的总价。具有更高克拉重量的钻石意味着更稀少，价值也就更高。

颜色　美国宝石研究院的颜色分级体系将绝对无色的“白”钻颜色定为 D 色。字母等级是从 D，E，F 开始的，一直到 S，X 等，字母顺序越是排到后面的意味着钻石颜色越发黄、等级越低。钻石颜色分级时，将钻石放置在白色背景上，同时眼睛从钻石的一侧进行观察。钻石颜色分级不能在阳光直射的环境下进行，因为强烈的阳光中的紫外线激发钻石所产生的荧光足以掩盖钻石本身的颜色。最有价值的天然彩钻是亮

朗兹伯里钻石项链，由美国慈善家理查德·朗兹伯里（Richard Lounsbery，1882—1967）为他的妻子维拉（Vera）设计，由巴黎的卡地亚制作。这个项链包含超过 100 颗钻石，钻石塑造成玫瑰型、明亮型、梨型，以及改良的单琢型。

红色的钻石，但是任何鲜艳的颜色都意味着高昂的价格。任何像绿色、黄色、金色、褐色、蓝色、紫色以及红色等因辐射和加热而致色的钻石都应如实说明。

净度　虽然大部分的钻石都含有天然包裹体，但是国际规定，如果在十倍透镜或者放大镜下专业分级人员不能看到钻石里有包裹体，则该钻石被视为无瑕的。任何可视包裹体都会降低钻石的品质和等级。激光打孔法以及裂隙填充法可以降低钻石内部杂质的可见度，这些方法可以有效地提高钻石净度，但是这些钻石优化处理手段必须声明。

切工　良好的切工使得钻石的明亮度以及火彩得以充分展现。钻石被切割成刻面琢型，这样使得进入钻石的光，经亭部刻面的反射后能够最大限度的从钻石顶部射出，差的切割会使得光线从亭部的刻面漏出。圆明亮琢型是专为钻石设计的，由于这种琢型能够最大程度地体现钻石的明亮度，所以是钻石最流行的琢型。像椭圆、梨形以及马眼形琢型——都是钻石圆明亮琢型的变体琢型——会使得相同质量的钻石相比圆明亮型切割呈现出更大的体积和视觉效果，但是却达不到后者那样的明亮度。祖母绿琢型，也被称为阶梯形琢型，同样也会削弱钻石的明亮度，使用了祖母绿琢型的钻石较难遮掩内部的包裹体，祖母绿琢型更适合体积大且净度非常高的钻石，然而如果用圆型切割的话这些钻石往往会呈现出极其明亮的闪烁效果。（王越　译）

合成钻石和仿钻

1970 年出现了超过 1 克拉的宝石级合成钻石，但是直到最近合成钻石才达到商业规模。20 世纪 90 年代出现了叫作化学气相沉积法的新型合成钻石工艺，化学气相沉积法合成钻石在成本上相对于原来的合成手段要低了很多。打破了所谓的合成钻石比天然钻石还贵的说法。立方氧化锆、合成氧化锆、合成莫桑石以及碳化硅是主要的仿钻产品，而且这些品种都具备有色和无色的种类。

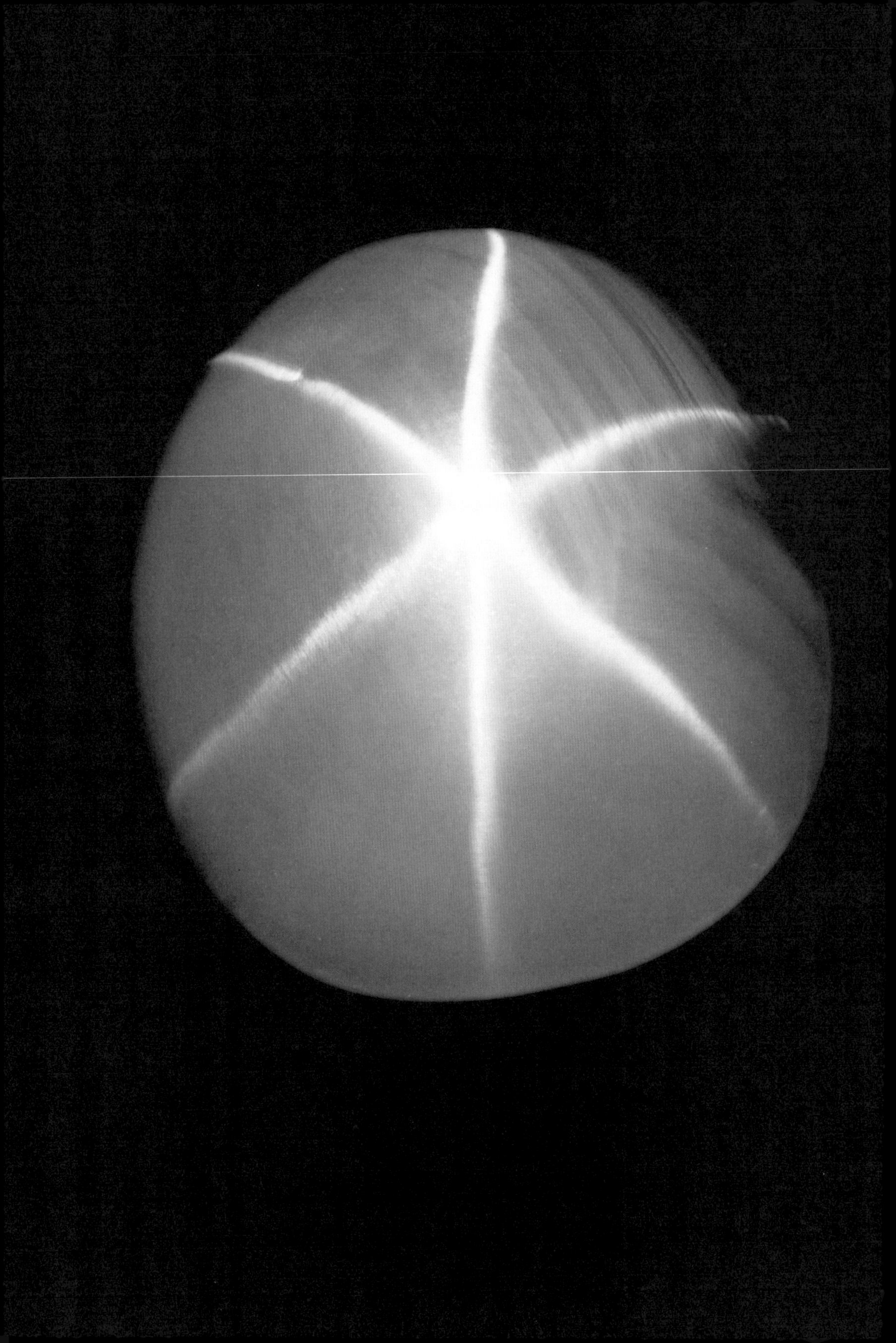

刚玉

CORUNDUM

蓝宝石和红宝石是刚玉族矿物中的宝石品种，但是鲜有人预料到这些宝石能够展示丰富的颜色。众所周知红宝石是红色的，而蓝宝石则包含了除红色以外的所有颜色：粉色、橘色、黄色、棕色、绿色、蓝色、紫色、紫罗兰、黑色，以及无色（蓝宝石颜色除蓝色外均被称为“彩”色）。有很多都陈列在博物馆而没有在其他地方被公开展示——我们有一组大颗粒蓝宝石，其中有的重量超过 100 克拉，十分有名。重达 563.34 克拉的硕大的印度之星蓝宝石是摩根的捐赠品之一。它的名字隐含着一个故事：可以推测，16 世纪，这颗宝石在斯里兰卡被挖掘出来后，它在印度统治阶级的富人当中流转。要是我们能够知道这颗石头所见过的场面该有多好！然而，乔治·F. 昆兹记录了如下神秘的叙述：“它有一段大概三个世纪的，或多或少不确定的历史记录以及许多传闻。”这颗宝石是如何落到昆兹的手里未被记载，但是传言说由于是其皇室所有者私下里需要现金。还存在另一种值得怀疑的说法：昆兹在 1900 年于纽约将它打磨成形——多么浪漫啊！无论怎么样，印度之星十分华美是毋庸置疑的。

刚玉参数

氧化铝：Al_2O_3

晶体对称性：三方晶系

解理：一组不完全解理

硬度：9

比重：3.96~4.05

折射率：1.76~1.78（中等）

色散：中等（0.018）

对页：印度之星——博物馆中最著名的宝石，是全世界最大的宝石级蓝色星光蓝宝石。重达 563.34 克拉，接近无瑕且展示出完美的星光。这颗接近球形的宝石在其背面也展示了很好的星光。

小颗斯里兰卡蓝宝石，重量为 1.60~2.00 克拉不等。

性质

几个世纪以来，艳丽的颜色、超强的耐久性以及适宜的丰度已经使得蓝宝石和红宝石成为重要的宝石品种。刚玉紧密结合的结构导致其密度大、硬度高（硬度仅次于钻石）。这种矿物的化学性质十分稳定而且解理不发育。

蓝宝石和红宝石的丰富颜色是因刚玉中的铝元素被替代而产生的。刚玉宝石具有多色性，当从晶体的三次对称轴方向观察颜色会更加浓郁。有些宝石有类似亚历山大石的变色效应：从紫色或蓝色或蓝绿色变至红色。

钛在高温下经历缓慢的地质冷却后可以进入刚玉的晶体结构，它单独结晶成丝状纤维状的金红石（TiO_2）包裹体。这些包裹体可以产生星光效应，由于刚玉是三方晶系，可能呈现为六射或偶尔十二射星光蓝宝石或红宝石。这些内含物也使得宝石呈半透明。热处理可将这些丝状物“熔解”进刚玉结构中。并且通常可以使其变成颜色更浓郁的透明宝石。我们可以将印度之星热处理然后得到一颗极好的蓝色素面宝石——但是请打消这个念头！

刚玉晶体是典型的六方柱状，偶尔呈锥形，常呈板状且底面常有三角形条纹。

一颗红宝石晶体，4 厘米长，在白色大理岩中，产自阿富汗扎达列克（Jegdalek）。

午夜星光红宝石（The Midnight Star ruby），116.75 克拉，因其深紫罗兰色而得名，被发现于斯里兰卡。

德隆星光红宝石，100.3 克拉。最了不起的红宝石之一，在 20 世纪 30 年代于缅甸被发现，1938 年，乔治·鲍文·德隆夫人捐赠给博物馆。这颗红宝石与其他 20 多颗宝石一起在 1964 年 10 月的那起“重大珠宝盗窃案”中从博物馆被盗走。在这颗著名的红宝石被归还前曾经历了十个月涉及黑社会人物的交易，金额高达 25 000 美元。

刚玉族宝石的品种、颜色及颜色成因

红宝石：浓郁的红色——铬

蓝宝石：蓝色——铁 + 钛，除蓝色外的其他颜色（称为彩色蓝宝石）

帕德玛刚玉：橙色——铬 + 色心（缺陷）

亚历山大石相似品：钒

黄色：三价铁及色心（缺陷）

绿色：综合黄色和蓝色的致色原理

无色：纯净，无元素替换

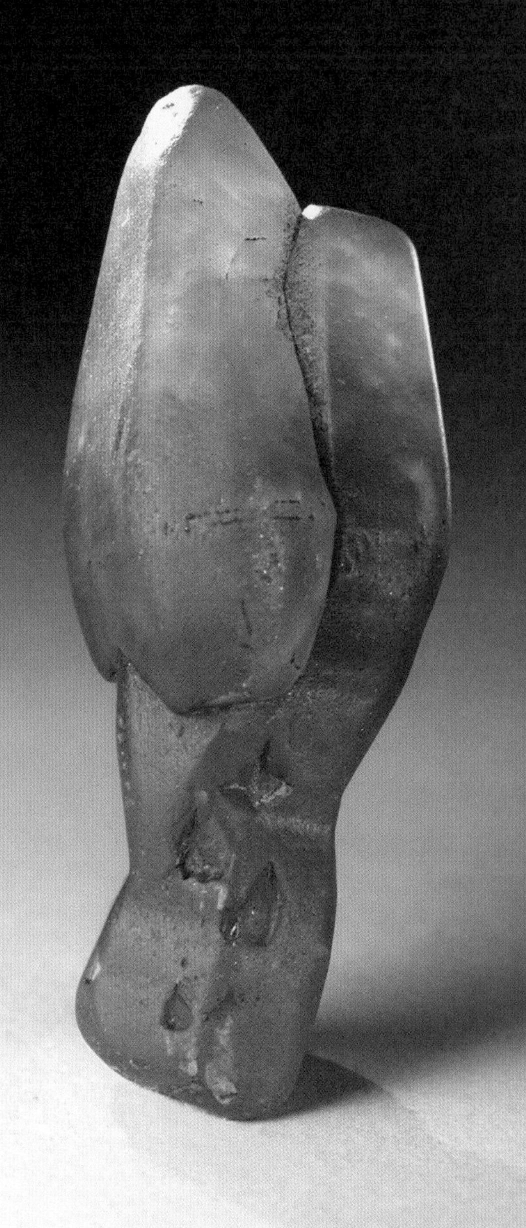

两颗连生的水蚀蓝宝石晶体，5 厘米长，产自斯里兰卡。

历史

在古代，宝石是通过颜色来分组的。尖晶石（carbunculus）是老普林尼用来称呼透明红色宝石的常用拉丁语。在 1800 年以前，红色尖晶石（spinel）、红色石榴石（garnet），以及红宝石都被称为红宝石（ruby），出自拉丁单词“rubeus”，意思是“红色”。许多有名的“红宝石”都已被证实是尖晶石，例如“黑王子”红宝石、铁木尔红宝石（Timur Ruby），以及布列塔尼红宝石（Côte de Bretagne Ruby）。叶卡捷琳娜大帝红宝石（Catherine the Great Ruby）曾一度被认为是欧洲最大的红宝石，而后被证实为碧玺。蓝宝石（Sapphire）在拉丁语中是“蓝色”的意思，而直到中世纪，这一名称都被用于形容青金石。

蓝宝石的历史可以追溯到公元前 7 世纪，那时它被古伊特鲁里亚人使用。之后

一幅 1650 年的画作，描绘沙贾汗在法院会客室手持一颗红宝石的水彩画；左侧的一位侍者端着一个宝石托盘。

萨克森州的强劲候选人约翰内斯（Johannes）的画像，由卢卡斯·克拉钠赫（Lucas Cranach）绘制于 1526 年；注意他大拇指上的蓝宝石戒指。

的几个世纪可以看到这些宝石在希腊、埃及以及罗马被人使用。罗马人从现在的斯里兰卡以及印度的所在地获取红宝石，那里红宝石是最有价值的宝石，并被称作宝石之“王”或“领袖”。然而，直到公元250—500年的某个时候才在现存的印度文学中出现关于刚玉宝石的记载。

马可·波罗曾旅行到“锡兰的岛屿”（斯里兰卡），在《马可·波罗游记》（*Book of the Marvels of the World*）中对这两种宝石都给予了很高的赞誉。他讲述了一位锡兰国王，一颗红宝石以及中国皇帝忽必烈的故事。这颗红宝石十分硕大——10厘米——忽必烈愿以一座城池来交换它，但是那位锡兰国王拒绝了，并声称即使用全世界的财富作为交换他也不会放弃这颗珍宝。对于这颗宝石，我们没有更多的了解，书中提到的宝石的尺寸让人们怀疑它是否的确是一颗红宝石——还是这仅仅是一个传说。

从11世纪以来，蓝宝石就是中世纪欧洲王室做戒指、胸针和皇冠最常用的宝石，它也是教会戒指偏爱的宝石材料。文艺复兴时期，红宝石和蓝宝石成为了有钱人的钟爱之物；事实上，也仅有富人能够消费得起它们。佛罗伦萨雕刻家和金匠——本韦努托·切利尼（Benvenuto Cellini）在1560年强调：红宝石的价格是钻石的八倍。而现今红宝石依然是最昂贵的宝石。

传说

几个世纪以来，关于红宝石特殊魔力的传说数不胜数。在中世纪的时候，红宝石被认为有着无法被隐藏的心灵之火。意大利矿物学家卡米拉斯·莱昂纳杜斯嘲笑那些否定宝石的功效的人，并在16世纪写下红宝石可以帮助主人保持健康、祛除邪念、控制情欲，以及调解纠纷。另一种观点是红宝石可以通过变得暗淡无光来警示它的主人即将发生的不幸或灾难。阿拉贡的凯瑟琳（Catherine of Aragon，1485—1536），亨利八世的第一位妻子，据说就是因为感知到了她的红宝石变暗而预知了自己即将垮台。

蓝宝石的功效也同样很广泛。在公元1—2世纪的专著中把这归因于达米克罗恩（Damigeron）。据11世纪的马尔伯德（Marbode）记载，蓝宝石保护国王免受伤害和妒忌。它的功效包括可以消除欺诈和预防恐怖行动。两百年后，一份法国人的手稿记载这种宝石可以预防贫穷，而同时期的另一位宝石鉴定家则声称蓝宝石可以让一个愚蠢的人

一颗硕大的素面缅甸红宝石重 47 克拉，一颗来自北卡罗来纳州的 1.38 克拉圆形红宝石，以及一颗来自坦桑尼亚的 1.87 克拉红宝石。

变得睿智，并可以使一个暴躁的人变得脾气很好。

星光蓝宝石被称为“命运之石”；它的三条相交的线代表着信仰、希望和命运。而另一种传说则把这些宝石称为来自圣诞星（出自《马太福音》，译者注）的闪光。据安塞尔姆斯·德·布特（Anselmus de Boodt）于1609年的记录，德国人将蓝宝石称为“Siegstein”，意思是“胜利之石”。

印度人、缅甸人以及锡兰人（僧伽罗人）发现蓝宝石和红宝石之间的关系远早于欧洲人。对于他们而言，无色蓝宝石是一种未成熟的红宝石；如果埋藏在地下，它将成熟并变红——这是加西亚·德·奥尔塔（Garcia de Orta）的 16 世纪手稿中记载的观点。有瑕疵的宝石则被认为是过度成熟。

产地

刚玉有两种最主要的成因类型。首先，高温变质的黏土岩和复杂的石灰岩可以形成一切的刚玉类宝石。其次，在一些无石英的火成岩中也发现了蓝宝石的存在。主要产地经风化后，刚玉宝石会集中在砂矿中——最重要的商业用途矿床。

红宝石和蓝宝石最早都产自斯里兰卡的砂矿。在《大史》（*Mahavamsa*）中提到开采于拉特纳普勒（僧伽罗语的“宝石城”）附近，《大史》是自公元前5或6世纪起斯里兰卡最伟大的编年体史书。这里发现的红宝石比缅甸的宝石颜色淡，这里是稀有的莲花色（粉橙色）帕德玛刚玉、蓝宝石，以及最优质的星光蓝宝石的原产地，所产蓝宝石通常颜色较淡。

目前，世界上红宝石的主要产地是位于东非的冲击矿床，主要有莫桑比克、坦桑尼亚、马达加斯加和肯尼亚。它们的质量通常不是最好的，混杂着丰富的瑕疵或有浑浊感，光泽欠佳，但是近年来，有优质的红宝石从莫桑比克产出。泰国靠近柬埔寨的边界过去曾是红宝石的主要产地，但自20世纪90年代后便不再是了。

这颗100克拉的巨型斯里兰卡宝石，是公开展览中最大、最好的帕德玛蓝宝石。这一品种名称来自粉橙色莲花的梵文。

全世界最优质的红宝石来自缅甸北部的抹谷矿区——最优质的深红色（鸽血红）红宝石，有时也忽略其产地而称作“缅甸红宝石”，以及深色或浅色红宝石。这一产地也出产蓝宝石以及许多其他种类的宝石。

抹谷矿区在公元前600年便已开始出产红宝石，而今产量已缩减。大约在1991年，带蓝色团块的红宝石于缅甸孟速被发现。这些石头经过热处理后会呈现出很好的品质，并且产量比抹谷的红宝石大得多。在美国，从缅甸进口红宝石（以及翡翠）是违法的（2008年的《汤姆·兰托制止缅甸军人集团反民主行径法》）。现在的缅甸从军事统治转向平民政府可能会导致这条法律的废除，但到这本书编写为止尚未实施。

近年来澳大利亚和马达加斯加是世界蓝宝石的最主要产地。在1997年，全世界约42%的产量来自新南威尔士和昆士兰。蓝宝石产自冲击矿床，由玄武岩风化而来。这种蓝色宝石通常颜色较深并呈现一种漆黑的外观。20世纪90年代末在马达加斯加的重要发现令这里成为占世界总产量18%的重要产地，澳大利亚占21%，斯里兰卡占16%以及肯尼亚占14%（2005年的数据）。

美国蓝宝石的主要产地在蒙大拿州的优格峡谷，这一产地发现于1895年，此后便一直断断续续地产出蓝宝石。这里出产的蓝宝石呈小晶片，纯净的蓝色到紫色。蓝宝石砂矿沿蒙大拿海伦娜附近的密苏里河分布，但是即使在好的年景产量也仅占全球市场的1%左右。

红宝石和蓝宝石的其他重要产地还包括：巴西、越南、尼泊尔、巴基斯坦、印度和柬埔寨。

评估

颜色、品质对于红、蓝宝石是最重要的。有着均匀、浓艳的红色到略带紫色——也就是所谓的“鸽血红”色的红宝石是最有价值的。中等深度的矢车菊蓝色蓝宝石也被予以高度评价。

瑕疵会降低这两种宝石的价值；然而一颗颜色很好的红宝石即使有一点微小的瑕疵，依然具有很高的价值。为了改善颜色和净度，大约90%新开采出的蓝宝石会进行热处理，这种热处理得到的结果是可持久的。

蓝色、紫色的典型蒙大拿州“优格”蓝宝石原石和已切磨宝石。薄板状宝石重量为 0.75~2.25 克拉。

星光红、蓝宝石的透明度至少要能够达到宝石级（黑色星光蓝宝石除外）。星光必须有相交于宝石中心的轮廓分明、锐利、平直的星线。

大颗粒的宝石级红宝石比大颗粒的钻石、祖母绿或蓝宝石更稀少。因此红宝石的价值随重量增长的程度比其他宝石更大。

许多其他种类的宝石与红、蓝宝石相似又容易混淆，并且被用来代替它们。合成刚玉自 1902 年开始出现在市场上，并且被用在较便宜的首饰上。（韩佳洋　译）

易与刚玉族宝石混淆的宝石及其商业名称

红　宝　石：	尖晶石（巴拉斯红宝石 Balas ruby）、镁铝榴石（开普和亚利桑那红宝石 Cape and Arizona ruby）、红碧玺（西伯利亚红宝石 Siberian ruby），以及粉色托帕石（巴西红宝石 Brazilian ruby）
蓝色蓝宝石：	蓝锥矿、堇青石、蓝晶石、尖晶石和合成尖晶石，以及坦桑石
绿色蓝宝石：	锆石
黄色蓝宝石：	金绿宝石

一些品质极好的斯里兰卡蓝宝石，重量在 18.19~188 克拉。重达 112 克拉的黄色宝石（右上方）是别人送给查尔斯·朱克（Charles Zucker）的礼物。

绿柱石

BERYL

绿柱石是一种拥有若干种颜色品种的宝石矿物——如海蓝宝石、摩根石、黄色绿柱石等——但是最著名的品种当属祖母绿。消费者对祖母绿常见的误解是认为这种宝石来自亚洲的矿区。但事实上，优质的祖母绿大部分是来自哥伦比亚矿区，是西班牙人从新大陆掠夺的资源。当时西班牙需要大量的资金，因此在土耳其和莫卧尔的名流中寻找买家。之后，莫卧尔侵略者将这些宝石带回了波斯。博物馆中收藏的夏特勒祖母绿（参见前言）就是个典型：它是在莫卧尔完成切割的，很可能被作为当时印度王子的头饰或者衣袖的装饰物。

和它对应的未切割的部分称为帕特里夏祖母绿。来自哥伦比亚契沃矿区（Chivor Mine）的史上体积最大宝石级祖母绿，于1920年被发现，并于次年以6万美金成交价售出。该矿区的持有者用其女儿的名字来命名这枚晶体——并一直沿用至今。现实生活中，大的优质祖母绿仅有少部分被保存于博物馆或银行金库当中——可见，祖母绿作为宝石品种是十分宝贵的，因此其晶体很少能逃脱被切割成美丽宝石的命运。

祖母绿参数

铍铝硅酸盐：$Be_3Al_2Si_6O_{18}$

晶系：六方晶系

解理：无

硬度：7.5~8

比重：2.63~2.91

折射率：1.566~1.602（低）

低色散

对页：帕特里夏（Patricia）祖母绿是一枚有12个柱面的晶体，长6.6厘米，重126克拉，来自哥伦比亚契沃矿区，以矿主女儿名字命名。因其完好的晶形、顶级颜色和体积而著称。

其中有来自不同产地的海蓝宝石、摩根石、黄色绿柱石，重量从 11.38 克拉（祖母绿琢型黄色绿柱石）至 390.25 克拉（海蓝宝石）不等。

性质

我们可以根据美丽的颜色将绿柱石宝石品种区别开来。

绿柱石是种质地坚硬的矿物，但它只有中等程度的亮度和微弱的火彩。其晶体结构中，其他元素对铝元素的微量替代是绿柱石的最常见的致色成因。然而，在海蓝宝石和一些绿色的绿柱石的结构中，致色金属（如铁）通常会沿着六方晶轴延伸的孔道充填于其中。晶体当中可见色带，最有趣的是能看到摩根石和海蓝宝石的两种颜色共存。

当绿柱石晶体从伟晶岩中产出时，其晶体会成为最大的一类宝石晶体，并显示独特的六方柱晶形。晶体中内含物的特征与其产出和宝石种类有关。祖母绿内含物以大量裂隙、液态包裹体和来自母岩的矿物包体为典型特征，这种现象又称为“宝石花园”，其内含物的样式类似于树叶、树杈。而其他的绿柱石品种能有更好的净度，最常见的是在强光照射下可见由液态充填微小平行管状物的“雨状包裹体”，如果这些包裹体呈纤维状，则在抛光后的弧形宝石上可产生猫眼效应。

绿柱石品种、颜色及颜色成因

祖母绿：深绿色或蓝绿色——铬或钒元素

海蓝宝石：绿蓝色或浅蓝色——铁元素

摩根石：粉红色、桃红色或紫红色——锰元素

黄色绿柱石：金黄色 - 金绿色——铁元素和色心缺陷

绿色绿柱石：浅绿至未能达到祖母绿的绿色——铁、铬或钒元素

红色绿柱石：覆盆子红色——锰元素

透绿柱石：纯净的绿柱石，有时会含铯元素

历史

在绿柱石宝石品种中，祖母绿的历史最为悠久。“祖母绿”一词来源于希腊语 smaragdos，该词有矛盾的意思。最早被埃及人开采的祖母绿要追溯到埃及托勒密王朝时代（公元前 323　前 330 年）；然而，其开采工具可追溯到拉美西斯二世（公元前 1300—前 1213 年）甚至更早的时代，曾在斯凯特（Sikait）和萨巴拉（Zabara）——埃及的古老绿柱石矿——的坑道中被发现。这些矿也很可能是直到 16 世纪都是西方最主要的祖母绿来源地。尽管凯尔特人和罗马人知道祖母绿的其他产地，如哈巴恰谷（Habachtal）——如今奥地利萨尔斯堡的南部。（萨尔斯堡的大主教在中世纪将该矿开发。）然而，针对一些高卢主罗马祖母绿的科学研究表明其来源是当今巴基斯坦的斯瓦特明戈拉地区，而不是另外两个地方。

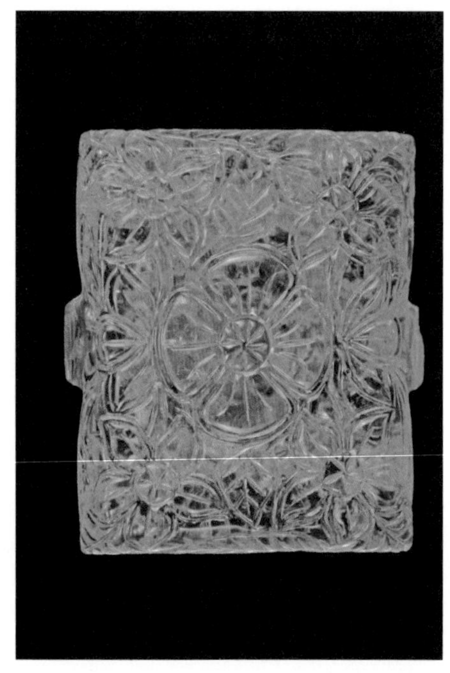

左上：金绿柱石晶体，长 7.5 厘米，产自西伯利亚地区。

右上：夏特勒祖母绿，重 87.62 克拉，最长直径达 3.5 厘米。它的两面都雕刻有花朵和叶子图案，很有可能来源于哥伦比亚木佐矿区。

左下：这是至今为止最大的海蓝宝石晶体的一部分，重达 5.28 千克（11.6 磅）。原石为六方柱晶形，重达 110.5 千克（243 磅），尺寸为 48.3 厘米 × 40.6 厘米，1910 年于巴西的马拉巴亚附近发现。沿着原石的长轴方向，人们可清楚地透过原石看到报纸上的字。这粒宝石切割于德国的伊达尔 - 奥博施泰因（Idar-Oberstein），宝石产量共计 200 000 克拉。如图所示还有一粒来自西伯利亚的 47.39 克拉的海蓝宝石。

一件镶嵌有钻石和祖母绿的铂金挂坠，长 1.6 厘米。

在西班牙人侵南美洲以前，哥伦比亚祖母绿经墨西哥被运至智利估价销售。西班牙征服者从他们到达之初就发现当地统治者都佩戴着祖母绿；在 1533 年，皮萨罗（Pizarro）就运回四箱祖母绿至西班牙。由于在秘鲁没有发现祖母绿资源，西班牙人便往更北方探寻，直至 1537 年发现契沃矿区——如今在哥伦比亚境内。一位士兵发现祖母绿并上交给指挥官后，西班牙人和木佐矿区的印第安人发生小规模冲突，因此被迫从木佐暂时撤退。随后西班牙人大规模返回，打败了印第安人，并接管了木佐矿区。哥伦比亚的宝石比殖民前在欧洲和亚洲看到的祖母绿显得更大且质量更好，因此它们代替了其他产地的祖母绿。

海蓝宝石、金绿柱石和摩根石的历史没有那么悠久。有关使用海蓝宝石的第一份文献记载是在公元前 480—前 300 年。海蓝宝石从 17 世纪流行至今。金绿柱石（金色的绿柱石）的名字取自两个希腊词语“太阳”和“礼物”；这种宝石也是从古代开始就被人们了解，但人们很少用它作宝石，因为它的颜色在所有黄色系列的宝石当中不是那么的突出。摩根石是绿柱石家族中最新被发现的品种。它的名字是由宝石学家乔治·昆兹取自著名的银行家与艺术收藏爱好者 J.P. 摩根先生的名字。摩根石最早于 1902 年在马达加斯加被开采挖掘。

传说

对于罗马人，祖母绿象征着自然的再生能力与献给维纳斯的宝物。对于早期的基督教徒，海蓝宝石象征着“复兴”。在公元前 4 世纪，古希腊哲学家泰奥弗拉斯托斯（Theophrastus）指出：祖母绿有使眼睛得到休息、舒缓放松的作用。很久之后，安瑟伦·德·布普特（Anselmus de Boopt）建议（1609）：祖母绿是作为预防癫痫病、止血、治疗痢疾和发烧等疾病的最有效的护身符。

此外，人们过去认为祖母绿能使其拥有者获得预知未来的能力。根据马尔伯德（Marbode）的说法（11 世纪），祖母绿能提高记忆力、使拥有者获得雄辩的口才、说服人的能力，并且给人带来快乐。另一方面，祖母绿被认为是性欲的敌人。在 13 世纪，阿尔伯图斯·麦格努斯（Albertus Magnus）写到当匈牙利国王贝拉拥抱他的妻子时，他所佩戴的华丽的祖母绿碎成了三块。

摩洛哥的王公大臣在官方场合下的佩饰（1750），镶金的海蓝宝石饰品，周围还镶嵌有小钻石、红宝石、蓝宝石和红色石榴石。

海蓝宝石的单词起源于两个拉丁词汇“水”和“海”。海蓝宝石过去被认为是使水手勇敢无畏并且保护他们在海上渡过难关的护身符，尤其是当宝石被雕刻了“战车上的海神波塞冬”的时候。在基督教中，海蓝宝石是快乐和永葆青春的象征，它意味着拥有者能调节和掌控情绪。在欧洲中世纪，金绿柱石还被认为可以用来治愈懒惰。

产地

祖母绿产地

祖母绿最常产于变质页岩中，尤其是云母片岩——这也是一些祖母绿含有云母包裹体的原因。在哥伦比亚，祖母绿矿产在黑色页岩（木佐矿区）方解石岩脉和石灰岩（契沃尔矿区）石英岩脉中。对祖母绿矿进行分类工作是很困难的，因为使其中两种不同的地球化学元素——铍元素和铬元素结合在一起的条件不是系统化的，而是地壳构造运动和热量推动流体流经不同岩石的结果。海蓝宝石、摩根石和金绿柱石在伟晶岩中产出时晶形较完好。绿柱石在砂矿中不足以富集成矿，并且通常产出于原生矿或者其原生矿的风化带。

哥伦比亚是世界上最大的祖母绿产出国，有许多正在开采的矿区。木佐（也叫 Coscuez，Marpi，La Pava，Penas Blancas，Yacopi）和契沃尔（也叫 Gachala，Macanal）是其中最主要的两个矿区。木佐产出世界上质量最好的祖母绿，其开采历史从西班牙人殖民时期至今从未间断。总体来说，契沃尔祖母绿瑕疵更少，但是缺少木佐祖母绿天鹅绒般的外观。

完好的祖母绿晶体 6.5 厘米长，来自俄罗斯乌拉尔山脉地区。

一块受侵蚀的海蓝宝石晶体 8 厘米长，和钠长石共生，来自巴基斯坦的杜索（Dusso）地区。

俄罗斯的祖母绿矿开采是在 1830 年于叶卡捷琳堡（现称斯维尔德洛夫斯克）地区的乌拉尔山脉东北部，从一位农民发现一枚宝石晶体后不久开始的。他带着他发现的宝石到叶卡捷琳堡的宝石工厂，那里的地质学家耶科夫·可可维安（Yakov Kokovin）辨认出这粒宝石就是祖母绿晶体。几年以后，可可维安的办公室在被搜查时发现了一粒巨大的祖母绿晶体。可可维安被送进监狱后自杀，这粒 2 226 克的祖母绿晶体如今被收藏于莫斯科研究院矿物博物馆。俄罗斯乌拉尔山脉翡翠矿的祖母绿既有完美的深绿色（但通常有很多内含物和瑕疵），也能呈现黄绿色（但较少内含物）。马雷舍夫（Malyshev）矿区的产出是变化的，近年来已经提出了矿区进一步的发展计划。

赞比亚在 1977 年成为祖母绿的一个产地，现在是世界上第二大优质祖母绿产出国。巴西也是具有重要意义的祖母绿产出国，其产地为伊塔比拉（Itabira）/米纳斯·吉拉斯（Minas Gerais）、巴伊亚（Bahia）和戈亚斯州（Goias）。津巴布韦的桑达瓦那（Sandawana）地区产出小的优质祖母绿宝石，并且阿富汗的潘杰希尔山谷的矿区将成为一个重要的产地。北卡罗来纳州是美国最重要的祖母绿产地，但遗憾的是不能稳定地提供祖母绿产出。最著名的产地是在希登（Hiddenite）附近，于 1880 年发现了祖母绿。

海蓝宝石产地

巴西是海蓝宝石的主要产地，其海蓝宝石产量中超过 80% 来自米纳斯吉拉斯西部的特奥菲洛·托奥尼（Teofilo Otoni）附近的地区。“圣玛利亚水（Santa Maria aqua）”是对来自伊塔比拉的圣玛利亚（米纳斯吉拉斯地区）颜色很好的宝石材料的称呼，但是来自非洲（尤其是莫桑比克）的具有相似颜色的宝石在销售时也会使用到这个名称——Santa Maria Africana，是对后者的更准确的说法。

马达加斯加海蓝宝石以较浓的蓝色著称，其浓郁程度类似于蓝宝石。

来自阿富汗和巴基斯坦的带灰色调海蓝宝石于 20 世纪 80 年代大量产出，特别是在阿富汗战争时期。现在仍有丰富的宝石资源。

海蓝宝石在俄罗斯的乌拉尔山脉也有发现，即外贝加尔（Transbaikalia）和西伯利亚（Siberia）地区。

海蓝宝石的其他产地还包括中国、越南、马拉维、尼日利亚、赞比亚和美国的缅因州、爱达荷州和加利福尼亚州。

摩根石产地

摩根石的主要来源是加利福尼亚州的圣地亚哥、巴西的米纳斯吉拉斯和马达加斯加。

金绿柱石产地

金绿柱石的产地有巴西的米纳斯吉拉斯和戈亚斯州、乌克兰地区以及美国的康涅狄格州和缅因州。

来自美国加利福尼亚州圣地亚哥的一件原石样品，带有宽 6.5 厘米的完美摩根石晶体，与宝石级净度的双色碧玺，旁边是方形切割的 278.25 克拉宝石级摩根石。

一件镶嵌有珍珠、钻石的精致海蓝宝石项链，其历史可追溯至 20 世纪早期。

评估

一粒 58.70 克拉的顶级摩根石。

被公认为质量最好的祖母绿应具有天鹅绒状、均匀、浓郁的绿色和少瑕疵的特点。

良好的切工不仅能使内含物的可见程度降到最低，且能使宝石呈现出最好的颜色。

祖母绿通常要通过注油和注塑来掩盖或最小化裂隙，有时候也通过染色的方法来提高颜色等级——这是欺骗性的处理方法。

合成祖母绿从 1934 年开始生产。它们的价格比其他合成品甚至一些天然祖母绿的价格还要高。

颜色和净度是海蓝宝石、摩根石和金绿宝石质量评估过程中两个需要考虑的最基本方面。海蓝宝石应当有明亮的天蓝色或者蓝宝石的蓝色。深色的海蓝宝石如今越来越少，因此它们的价格水涨船高。明亮的天蓝色色调能通过热处理绿黄色、绿色调甚至是棕色调的绿柱石获得。这种颜色的转变是永久性的。宝石级海蓝宝石通常鲜有内含物。

摩根石应当有深紫色调的粉红色，桃红色次之。

金色绿柱石以具有深黄色或者黄绿色为佳。（林伊旎　译）

易与绿柱石宝石混淆的宝石品种	
祖 母 绿：	翠榴石、沙弗莱、老坑种翡翠、碧玺、橄榄石、绿色锆石、翠铬锂辉石
海蓝宝石：	蓝色托帕石、蓝柱石、蓝晶石、磷灰石、蓝宝石、碧玺、锆石
摩 根 石：	紫锂辉石、碧玺、托帕石、蓝宝石、尖晶石、铁镁铝榴石

一件高 10.5 厘米、中国坐式女神像摩根石雕刻摆件，是目前已知的最完美、最大的摩根石雕刻品。

金绿宝石和尖晶石

CHRYSOBERYL & SPINEL

金绿宝石

CHRYSOBERY

亚历山大石和猫眼石是因它们具有吸引人眼球的特性而为人所知的，但是很少有人知道它们是透明的黄绿色外观的宝石矿物中较常见的品种。这两个品种都属于金绿宝石。金绿宝石猫眼称为猫眼石；当灯光照射到宝石上时，转动宝石，会出现一条能够开合的光带。亚历山大石在白炽灯下呈红色，在日光灯下呈绿色，是一种具有变色效应的宝石。相比起来，普通金绿宝石尽管本身很漂亮，但是看上去还是稍逊一筹。

金绿宝石参数

铍铝氧化物：$BeAl_2O_4$

晶体对称性：斜方晶系，假六方晶系

解理：在一个方向上明显

硬度：8.5

比重：3.68~3.78

折射率：1.74~1.76（中等）

色散：中等

对页：一粒 85 克拉的猫眼石，产地未知。

性质

金绿宝石是最明亮的宝石之一，且它的硬度仅次于钻石和刚玉。普通的金绿宝石是透明的，呈现黄绿色和暗棕色，少量铁替代铝形成这种颜色。在绿色的金绿宝石和亚历山大石里，铬是致色元素。亚历山大石的多色性的颜色和变色效应相同，当从互相垂直的方向观察时很明显。猫眼是由于沿同一方向排列的细针状金红石包裹体导致的。黄色、棕色和绿色的猫眼是最常见的；亚历山大石猫眼是很稀少的。

横截面为矩形的棱柱状金绿宝石晶体很少见。但是，三连晶和六连晶，这些具有类似六方对称性的交互生长的晶体（双晶）产量是比较大的。

历史

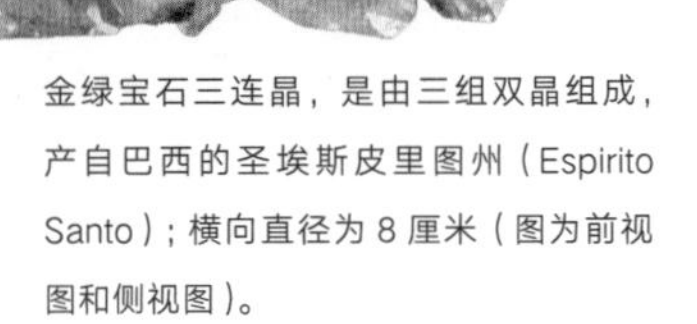

金绿宝石三连晶，是由三组双晶组成，产自巴西的圣埃斯皮里图州（Espirito Santo）；横向直径为 8 厘米（图为前视图和侧视图）。

金绿宝石（chrysoberyl）这个词源于希腊语“chrysos”，指的是“宝石的金色”，以及“绿柱石”矿物。直到 1789 年，著名的德国地质学家沃纳（A.G.Werner）才确认金绿宝石是另一种矿物，在此之前，它一直被误认为是绿柱石的一个品种。珍贵的猫眼石的另一个名字是cymophane。

猫眼石是金绿宝石里历史最悠久的宝石品种。在罗马，尽管到了公元 1 世纪末才为人所知，但是在南亚地区早就被视为珍宝了，并且一直有

康诺特公爵和公爵夫人，摄于大约 1907 年。公爵夫人佩戴了一个镶嵌猫眼石的订婚戒指。

猫眼石的收藏者。在西方，直到 19 世纪晚期，康诺特公爵（Duke of Connaught）把一枚镶嵌猫眼石的订婚戒指献给普鲁士的路易丝·玛格丽特（Louise Margaret）公主时，这种宝石才进入了公众的视线。它的知名度和价格立刻随之上涨；然而在锡兰（现称斯里兰卡）则很难保持这种上涨的需求。猫眼石现在是一种时尚的、用于镶嵌戒指的宝石，特别是在日本和中国。

亚历山大石于 1830 年在一个产出祖母绿的矿山内被发现的，这个矿山位于俄罗斯乌拉尔山脉的叶卡捷琳堡（现称斯维尔德洛夫斯克）附近。由于发现时恰好是王储亚历山大（后来的沙皇亚历山大二世）的生日，所以就以他的名字来命名了这种宝石。以此来命名不仅仅是因为发现宝石的特殊的日子，也是因为它的变色效应产生的绿色和红色与沙皇俄国卫队军服的颜色一样。

第三种也是最常见的金绿宝石品种，是透明的、绿黄色的，被发现于斯里兰卡和巴西。巴西人称它为“克里索利塔”（crisolita），是一个城市的名字。出口到欧洲后，这种宝石变得很受欢迎，并且在18、19世纪的西班牙和葡萄牙的首饰中广泛使用。这一品种的金绿宝石在维多利亚时代和爱德华时代十分畅销，但是现在亚历山大石和猫眼石更受欢迎。

传说

斯里兰卡和印度的当地人相信猫眼石能够让人远离邪念，因为宝石里面住着一个“纯洁善良、能够传递能量的精灵”。在印度教的传说中，猫眼石能够让其拥有者健康富足。在东方的传说中，如果把宝石放在额头中间，它能够让人预见未来。

当光或者观察方向改变时，宝石的“眼睛”会随之转动，这也被看作是传说的由来。

在俄罗斯，亚历山大石被认为是有好兆头的宝石，也是19世纪唯一一种被视为护身符的宝石。

容易与金绿宝石混淆的宝石品种，以及金绿宝石的合成品和仿制品

亚历山大石：合成蓝宝石和合成尖晶石常常被用于仿制品（通常品质比较差）。合成亚历山大石只有在美国比较受欢迎。

猫　眼　石：石英猫眼，有时品质较好的碧玺猫眼通常易与金绿宝石猫眼混淆。没有前缀的“猫眼石”只能指金绿宝石。且合成或天然星光蓝宝石以某种方式切割会形成只有一条光带的星光，这种宝石通常用于猫眼石的仿制品。白色纤维状硼钠钙石夹在两个黄色合成蓝宝石或玻璃中间的三层石也可以作为猫眼石的仿制品。

一颗 8.9 克拉的亚历山大石，产自斯里兰卡。图中显示了宝石的变色效应——日光灯下呈绿色，白炽灯下呈红色。

产地

金绿宝石晶体生长于富铍的伟晶岩中，但是通常在风化的伟晶岩形成的砂矿中富集。

金绿宝石所有品种的主要产地是巴西的米纳斯吉拉斯。1987 年，在巴西的赤铁矿场发现了世界上最大的高品质的亚历山大石，在不到三个月的时间里一共发现了 50 公斤的宝石级的变石—— 一些重达 30 克拉。

俄罗斯斯维尔德洛夫斯克附近以及乌拉尔山南部圣凯罗河附近的亚历山大石矿床已经接近枯竭。斯里兰卡产出的猫眼石和亚历山大石，来自含宝石的砾石层中。通常，斯里兰卡的亚历山大石比俄罗斯的大，并且白天显现的绿色更鲜艳诱人。但是，俄罗斯的亚历山大石变色效应更好，在人工光源下红色更明艳。亚历山大石和黄色金绿宝石的其他产地有印度、马达加斯加、坦桑尼亚和缅甸。

评估

只有具有明显变色效应的金绿宝石才能叫亚历山大石。瑕疵会降低它的价值。超过 5 克拉的高品质宝石是稀少、昂贵的。亚历山大猫眼石是最稀少且最昂贵的宝石之一。

猫眼石是具有猫眼效应的宝石里最有价值的品种。浓艳的蜜黄色猫眼石可以卖出最高的价格，绿色的次之。猫眼石的光带一定要尖锐明亮，位于弧面宝石的中央。对于顶级的猫眼石来说，当光带以恰当的角度对着光源时，面向光源的一面会呈现乳白色；另一面会有艳丽的蜜黄色。当光源斜向照射时，宝石上的“眼睛”是打开的；当光源垂直照射时，“眼睛”闭合呈一条窄线。接近透明且有尖锐明亮眼线的宝石是价格最高的。超过 20 克拉的高品质宝石非常稀少、昂贵。在金绿宝石的普通透明的品种中，浓艳的黄绿色的宝石是最受欢迎、价值较高的。（梁璐　译）

金绿宝石，产自斯里兰卡和巴西，重量为 8.9~74.44 克拉。

尖晶石

SPINEL

几个世纪以来，大多数尖晶石被误当作了红宝石或者彩色刚玉，一个合理的猜想是：尖晶石和刚玉通常在同一矿区被发现，并且有着相似的性质。其中一个著名的例子就是“黑王子红宝石”。这块宝石的历史要追溯到1367年，来自卡斯提尔王国的胜利者唐·佩德罗（Don Pedro）从格林纳达王国的国库里攫取了这块宝石。他把这块“红宝石”献给了黑王子——爱德华三世的儿子，来报答他在西班牙北部纳赫拉之战中提供的帮助。16世纪50年代，作为分裂的王冠珠宝的一部分，它属于英联邦，并被（仅以4英镑的价格）出售，后来不知怎的，在复辟期间它又回到了君主的手中。现在，这个大小5厘米不规则的尖晶石依然镶嵌在英国皇冠的中央。

尖晶石参数

镁铝氧化物：$MgAl_2O_4$

晶体对称性：等轴晶系

解理：无

硬度：8

比重：3.58~4.06

折射率：1.714~1.75（中等）

色散：中等

一些具有相同晶体结构，但不同成分的氧化物也可以叫作尖晶石，比如：锌尖晶石，锌离子取代了镁离子，形成一种蓝色的尖晶石。

对页：一颗产自斯里兰卡的尖晶石，重70.99克拉。

性质

尖晶石和红宝石一样，以其颜色多变、耐久性好而著称，因而很容易与红宝石混淆。因为尖晶石的镁氧键比红宝石的铝氧键弱，所以与红宝石相比，尖晶石比较软。尽管如此，因为尖晶石的晶体结构中没有薄弱层，所以它的硬度还是很大，这种宝石的耐久性很强。

另一个可以与红宝石媲美的性质是它的色彩，尖晶石中的镁离子和铝离子使得广泛的化学成分替换的存在，导致本应纯净无色的尖晶石有了丰富多彩的颜色，但奇怪的是，尖晶石并不像红宝石的颜色那样多。不同品种的尖晶石有着不同的名字，但也是仅凭颜色进行命名——红色尖晶石、绿色尖晶石，等等。人工合成尖晶石通过单独或组合添加其他元素，例如：钴、锰、钒，可以形成更多的颜色，甚至一些元素组合是自然界中尚未发现的。

尖晶石很少包含三个垂直方向的针状包裹体，因而弧面宝石很少呈现出四射或者六射星光。

尖晶石（spinel）属于等轴晶系，拉丁语“spina”是“刺”的意思，其晶体通常呈八面体形状。尽管几个世纪以来，人们已经认出尖晶石的八面体形状，但是直到 1783 年，法国矿物学家让-巴蒂斯特（Jean-Baptiste）才将红宝石和尖晶石作为两种矿物区别开来。

历史

最早的尖晶石装饰品可以追溯到公元前 100 年，被发现于一个佛教墓地，位于阿富汗的喀布尔。公元前 1 世纪，罗马人使用红色尖晶石。英国也发现了蓝色尖晶石，发现时间可以追溯到罗马时期（公元 43—409），史料上就记载过一个来自东罗马帝国的镶嵌浅绿色八面体尖晶石的戒指。

尖晶石戒指，尖晶石产自缅甸，9.5 克拉。其他尖晶石产自斯里兰卡，重 1.89~46.48 克拉。

尖晶石开采地位于阿富汗的巴达赫尚（Badakshan），始于公元750—950 年。公元 951 年，这个产地被阿拉伯地质学家伊斯塔赫里（Istakhri）首次提到，后来马可・波罗在其书中也有相应描述。许多历史上著名的尖晶石可能也产自这里，原因是这些尖晶石的名字“巴拉斯红宝石”（Balas rubies）源于该地区原来的名字。

尖晶石这种宝石有着最长、最戏剧性的历史。和“黑王子红宝石”一样，“帖木儿红宝石”已知的历史可以追溯到 14 世纪。这块宝石带有六字波斯铭文，已确认最早的拥有者为 1398 年鞑靼征服者帖木儿（Tamerlane）。多年以后，经过多次交易和掠夺，这块宝

穿着加冕长袍、戴着皇冠的叶卡捷琳娜大帝，丹麦画家维吉利·埃里克森（Vigilius Eriksen）所画，1778—1779。

石在 1849 年被东印度公司获得，并在两年后送给了维多利亚女王。这块宝石现在成为了伊丽莎白二世女王的私人收藏。

欧洲文艺复兴时期的珠宝就已经使用红色尖晶石了，在 18 世纪变得流行起来。镶嵌着尖晶石和钻石的优雅的吊坠、耳饰、胸针比以前俄国和法国的皇冠珠宝更受欢迎。在莫斯科，一个深红色 412.25 克拉的尖晶石超越了加冕凯瑟琳大帝的皇冠上的尖晶石。世界上最大的尖晶石之一是一颗 500 克拉的尖晶石，它是前伊朗王冠的一部分。

传说

印度教徒认为尖晶石是红宝石，不同阶级的人以宝石来划分。四大主要阶级的人应佩戴相对应的宝石，使佩戴者如宝石一样获得美德：婆罗门祭司——纯正的红宝石；刹帝利（骑士和战士）——橙尖晶石（黄色至橙色，颜色较浅）；吠舍（地主和商人）——红尖晶石；首陀罗（劳工和工匠）——巴拉斯红宝石（玫瑰红色尖晶石）。

在古代和中世纪，颜色有着强烈的象征意义，人们把红色尖晶石和其他红色宝石当成是止血和消炎的良药，或者是缓和暴躁情绪、平息怒火和冲突的良方。据 17 世纪一名美国作家描述，印度有一个信仰是：尖晶石粉末制成药剂可以消除不祥之兆，带来幸福。

产地

和刚玉一样，尖晶石形成于高压黏土岩中，尤其是石灰岩转变的大理岩中。由于风化，多数尖晶石出产在冲积矿床中。

抹谷石头道和缅甸北部的纳米亚（Namya）是高质量尖晶石的来源，其颜色包括玫瑰红色、粉色、橙色、蓝色和紫色，常呈现出

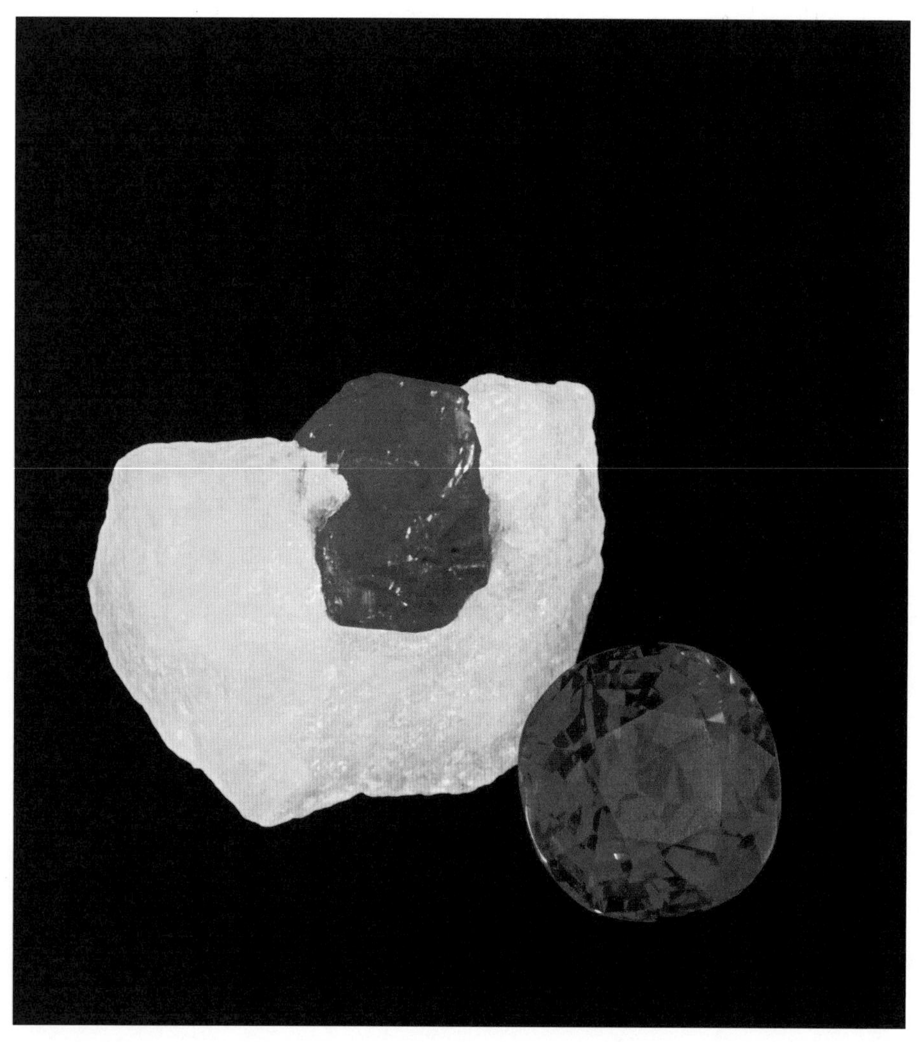

4.03 克拉的刻面尖晶石，和产自大理岩的 1 厘米大小的八面体尖晶石，均产自缅甸抹谷。

被水冲蚀的鹅卵石或者完美的八面体形状，特别是在大理岩原岩中可以发现八面体尖晶石。在过去的几十年里，越南北部的路克彦（Luc Yen）也同样出产高质量尖晶石。在斯里兰卡西南部，拉特纳普勒（“宝石之城”）附近的小岛上产出宝石砾，其中的尖晶石经常被水冲刷，大多呈现蓝色、紫色或者黑色（名为“镁铁尖晶石”），红色、橙色和粉色尖晶石很罕见。其他产地还包括马达加斯加的伊拉卡卡（Ilakaka）、泰国、坦桑尼亚、塔吉克斯坦的帕米尔山脉。

尖晶石的颜色及致色离子

红色：铬离子（深红色——红宝尖晶石；玫瑰红色——“巴拉斯红宝石”）

紫红色：铬离子 + 铁离子（铁铝尖晶石）

蓝色：铁离子或钴离子（蓝宝尖晶石和镁锌尖晶石）

绿色：铁离子（绿尖晶石）

评估

颜色、净度和重量对于尖晶石的评估很重要。红色尖晶石价值最高，但最受人推崇的是橙红色尖晶石和深紫红色尖晶石。因为尖晶石通常无瑕，所以它的净度因素至关重要，而比红宝石的净度因素重要得多，因为红宝石常有包裹体。超过 5 克拉的尖晶石很稀少，我们再也找不到古代的大尖晶石了。

尖晶石同时具有美丽和耐久的特性，但是市场的供不应求以及廉价的合成品阻挡了人们对于尖晶石应有的热爱。近年来，即便尖晶石的价值普遍没有红宝石和蓝宝石高，但在市场上尖晶石比红、蓝宝石更少见。（梁璐　译）

易与尖晶石混淆的宝石及合成尖晶石

尖晶石容易与红宝石、蓝宝石、镁铝榴石、紫水晶和锆石相混淆。

如今大量生产的合成尖晶石很廉价，常用来仿制红宝石、蓝宝石、祖母绿、海蓝宝石、橄榄石、变石、钻石。

托帕石

TOPAZ

托帕石以能形成大的高质量晶体而闻名。公元 1 世纪，普林尼曾说过：“托帕石是所有珍贵的宝石中最大的，在这方面，它胜过其他所有宝石。”1938 年，在巴西，一个来自纽约的矿产商艾伦 · 卡普兰（Allan Caplan）注意到一些格外大块的托帕石晶体正在售卖。得知这个消息，许多美国博物馆开始争相获取这种“巨大宝石”。史密森尼学会（The Smithsonian）得到了一个重达 71 公斤（156 磅）的托帕石；接着克兰布鲁克学院（Cranbrook Institute）得到一个稍微比这个小的托帕石。哈佛大学和美国自然历史博物馆，也想要一个，但已经没有了。

1940 年第四次访问巴西期间，卡普兰得知三个巨大的托帕石样本正在运往里约热内卢。仅仅凭借样本的照片，他就买下了未曾谋面的石头，这三块托帕石样本分别重达 271、136 和 102 千克（即 596、300 和 225 磅），然后他回家等待它们的到来。

几个月后，装着托帕石的货箱终于来到了。还没出美国海关，卡普兰就迫不及待地打开了最大的货箱。结果令人心灰意冷，露在包装材料外面的托帕石表面有巨大的裂纹。他失望透顶，把三块托帕石密封好，然后送到博物馆进行评估。博物馆工作人员将货箱从底部撬开，当他们看到这块最大的完美的托帕石晶体全貌时，所有的参与者都松了一口气，直到今天，这三块晶体依旧是博物馆的珍贵藏品。

托帕石参数

带氟离子和氢氧根的铝硅酸盐：
$Al_2SiO_4(F, OH)_2$

晶体对称性：斜方晶系

解理：一组完全解理

硬度：8

比重：3.5~3.6

折射率：1.606~1.644

色散：低

对页：帝王托帕石晶体，长 5.5 厘米，来自巴西米纳斯吉拉斯的欧鲁 · 普雷图（Ouro Preto），以及一个重 16.95 克拉的刻面托帕石。

椭圆形明亮型切工的红色托帕石，重 70.40 克拉，
这种深红色十分罕见，产自巴西或者俄罗斯。

性质

托帕石以其独特的色彩、净度和硬度受到人们的喜爱。其结构中有很强的化学键使托帕石结构致密、硬度很大。然而，晶体结构中含有氟离子和羟基的薄弱平面使托帕石具有完全解理。解理是托帕石这种宝石的最大弱点，在切磨和佩戴时需要非常小心。

人们对托帕石常见的误区是认为它们全部都是黄色的，实际上纯净的托帕石没有颜色，含杂质的托帕石呈现蓝色、浅绿色、各种黄色，还有“雪莉酒”色、粉色，甚至最稀少的红色。托帕石结构中铬离子替代铝离子占据晶格位置，产生红色的和一些粉色的托帕石，但是其他大部分颜色是由于原子替代或者经过辐照产生晶格缺陷形成的。有些托帕石颜色不稳定，容易褪色；一些褐色托帕石在阳光下颜色可能完全褪去，一些“雪莉酒”色托帕石在加热之后可能变成粉色。无色托帕石经过高能量辐照，再在适当温度下加热，会形成颜色稳定的蓝色托帕石。天然的蓝色托帕石形成过程也是这样的，因此没有办法区分天然和处理过的蓝色托帕石。然而，天然的深蓝色托帕石并不常见，因此我们有理由相信深蓝色的托帕石颜色是人工处理的。

托帕石晶体通常呈柱状，具有菱形横截面和锥形的顶部；解理方向垂直于晶体柱。

历史

托帕石（Topaz）名字的由来目前还不确定。希腊文“topazos”是“寻求”的意思，也代表红海上一个雾气缭绕、难以寻找的小岛（欧洲称为圣约翰岛）。老普林尼认为托帕石就是来自于这个小岛的绿色石头。

然而，这个小岛上只发现了橄榄石而没有发现托帕石，因此普林尼描述的绿色石头应该是橄榄石。另一个容易混淆的是贵橄榄石，既与橄榄石相似，又和黄色宝石比如托帕石很像。梵文中“topaz”表示“火”，这很可能是托帕石名字最初的来源。

古埃及和罗马也使用托帕石。罗马人从斯里兰卡获取托帕石，这也是早期能持续获取宝石的渠道。在17世纪，让—巴蒂斯特·塔韦尼耶（Jean-Baptiste Tavernier）去东方游历后提及过这种石头及其产地。

在中世纪的欧洲，托帕石虽然偶尔会用于教会和皇室，但并没有流行起来。而在18世纪，这种宝石在西班牙和法国逐渐受到欢迎，它和钻石一起被镶嵌在许多华丽的珠宝首饰上。在19世纪初的英国和法国，最时尚的是托帕石和紫水晶制成的耳饰和项链。维多利亚时期，托帕石是最受欢迎的宝石之一，后来成为了珠宝装饰艺术的宠儿。通常最好的黄色石头都被认作是托帕石，至今托帕石仍然很受欢迎。

传说

中世纪，人们认为托帕石可以加强思想、预防精神障碍并且防止猝死。在11世纪马尔伯德（Marbode）的论文中，曾写道托帕石可用以治疗视力减弱。这个治疗处方需要将宝石浸入酒中三天三夜，

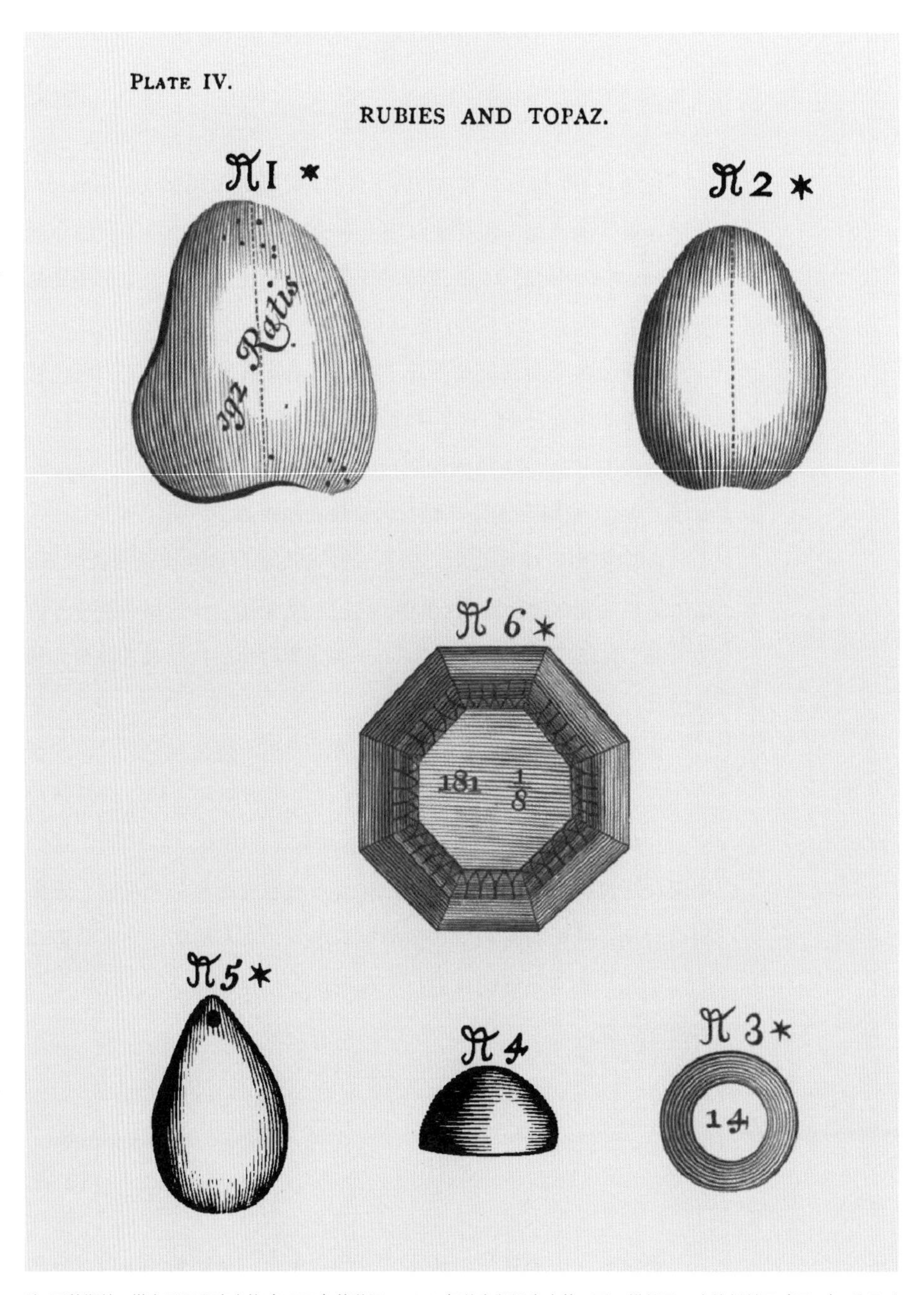

让–巴蒂斯特·塔韦尼耶印度之旅（1677）的游记，1889 年英文版译文中的一页，描绘了一大块托帕石（图 6）。他同时写道：“这是大莫卧儿（the Great Mogui）的托帕石。在我逗留在此地期间，我从没见过他戴过其他的宝石……这块托帕石重 157¼ 克拉，是在果阿（Goa）买的……总价 181 000 卢比。”

然后才能应用于眼睛治疗。依据 16 世纪宝石工匠凯米尔·雷纳多（Camillo Leonardi）的《玻璃石》（*Speculum Lapidum*）[这本书主要基于希伯来语的《拉赛尔之书》（*The Book of Raziel*）]，但是昆兹（1938）认为内容上只有些许相似）佩戴刻有猎鹰图案的托帕石可帮助佩戴者成为亲善的君主、贵族或是富豪。后来，吉罗拉莫·卡尔达诺（Girolamo Cardano）建议用托帕石治疗疯症，它可以使人更智慧、更审慎，还可以使沸水冷却，平抚暴怒。

不同产地的托帕石，重 17.16~375 克拉。

产地

托帕石主要存在于含大量氟元素的伟晶岩中，挥发性成分集中的环境易生长出大块晶体。伟晶岩经过风化作用分解，托帕石滚落到河流中，最后在河流冲积砂砾中富集。

巴西米纳斯吉拉斯是世界上产托帕石最多的国家，通常出产蓝色、无色和雪莉酒色的托帕石。1973年，托帕石第一次在巴西的欧鲁·普雷图小镇被人发现，这也是雪莉酒色托帕石的主要产地。乌拉尔山脉地区也发现了托帕石的产出，比如姆尔辛卡（Mursinka）的斯维尔德洛夫斯克州（Sverdlovsk）东北部，阿拉巴士卡（Alabashka），以及乌拉尔山脉南部的萨那瑞卡（Sanarka）。在巴基斯坦的卡特朗（Katlang）北部，脉状粗粒方解石—石英大理岩中可产出多种颜色的托帕石，其中包括罕见的粉色和红棕色托帕石。在缅甸抹谷，伟晶岩中出产无色—淡琥珀色托帕石。马达加斯加和纳米比亚的伟晶岩也是托帕石的产地之一。

世界最大的托帕石晶体，重271千克，产自巴西米纳斯吉拉斯。

19 世纪初的欧鲁・普雷图（之前称为 Vila Rico），1735 年首次在该地发现托帕石。

评估

评价托帕石应该从两方面考虑：颜色和净度。最有价值的是罕见的红色托帕石，因为其难以获得。帝王托帕石这种雪莉酒色的石头一直都是最受欢迎的。雪莉酒色（棕黄色、橙黄色、红棕色）和粉色托帕石价格都十分高。黄色托帕石也很难得，比其他颜色的托帕石或黄水晶价值高。浅蓝色和淡蓝色价值就更小一点。当宝石有缺陷时，其价值明显减少。（杜华婷　译）

易与托帕石混淆的宝石及其商业名称

碧玺、黄色蓝宝石、金绿宝石，以及罕见的赛黄晶、红柱石、磷灰石都容易与托帕石相混淆。

黄色石英或黄水晶缺少托帕石天鹅绒般的外观、明亮度和丰富的颜色，一些不法商家会用其代替托帕石在市场上售卖。售卖“处理”的蓝色托帕石以取代更稀少珍贵的海蓝宝石也是不道德的。

一些具有误导性的商业名称经常被用于价值较托帕石低的宝石上，包括：黄水晶被叫作西班牙、撒克逊和波西米亚托帕石，烟晶被叫作烟托帕石、烧托帕石和苏格兰托帕石，黄色蓝宝石被叫作东方托帕石。

粉色托帕石重 47.55 克拉，帝王托帕石重 47.75 克拉，都产自巴西米纳斯吉拉斯。

碧玺

TOURMALINE

在1876年一个春天的早上，一位年轻人迈着自信、轻快的步伐走进了蒂凡尼公司。在董事长的办公室里，他展开一张宝石图纸，然后把后来被他称为“掉落人间的绿光”（drop of green light）的宝石放在桌子上。这所谓的“光”是来自一颗产自缅因州闪亮的刻面绿色碧玺，其魅力不言而喻。两人都叹赏它的质地和美感。查尔斯·蒂凡尼立刻买下了它，令这位年轻的乔治·F.昆兹十分欣喜。不到一年的时间内，这位20岁的宝石学家就开始了他辉煌的职业生涯。作为那个年代卓越的宝石学家，他引领了人们使用许多过去鲜为人知的彩色石头。在美国能产出的宝石中，碧玺是他的最爱，而他访问董事长的时机也恰到好处。美国数个碧玺的产地已经开始着手准备批量生产刚被发现或者即将被发现的碧玺。昆兹为许多机构搜集碧玺，包括博物馆——缅因州、康涅狄格，以及加利福尼亚州，那里收藏的各类碧玺比比皆是。

碧玺参数

复杂的硼铝硅酸盐

锂电气石：$Na(Li_{1.5}Al_{1.5})Al_6(Si_6O_{18})(BO_3)_3(OH)_3(OH,F)$

镁电气石：$NaMg_3Al_6Si_6O_{18}(BO)_3(OH)_3(OH,F)$

钙镁电气石：$(Ca,Na)(Mg,Fe^{2+})Al_5MgSi_6O_{18}(BO_3)_3(OH)_3(F,OH)$

钙锂电气石：$Ca(Li_2Al)Al_6(Si_6O_{18})(BO_3)_3(OH)_3(OH,F)$

电气石 Rossmanite: $(LiAl_2)Al_6(Si_6O_{18})(BO_3)_3(OH)_3(OH)$

晶体对称性：三方晶系

解理：无

硬度：7~7.5

比重：2.9~3.1

折射率：1.610~1.675（中等）

对页：来自加利福尼亚州梅萨格兰德（Mesa Grand）的双色碧玺：三个顶级的铅笔状晶体。最长的有9.5厘米。弧面宝石达22.40克拉，另一个刻面宝石达30.50克拉。

性质

碧玺是一个大的矿物族，其成员可以展示出最广泛的光谱色。在这一宝石族中至少有 39 种矿物（几乎每年都有新的品种加入），但只有 5 种已发现的品种可用作宝石（或者以宝石形式被发现——颜色分带导致宝石出现多样的品种）。它们都有足够好的耐久性（坚硬且无解理）以使其成为优质宝石。然而，许多碧玺晶体聚合力很强，在切磨及镶嵌成首饰的过程中会因受到敲击而裂开。锂电气石是电气石中最常用作首饰的，它以厄尔巴岛的名字命名，那里是它首次被发现的地方；镁电气石和钙镁电气石不太常见，品质适宜的很稀少，但也是宝石品种。锂电气石可有从粉色到红色、蓝色、绿色、紫罗兰色到紫红色，黄色、橘色、棕色、黑色以及无色。一端为绿色另一端为粉色的双色晶体很普遍。有粉色核心和绿色皮的晶体成为“西瓜碧玺”。

宝石级电气石的颜色主要是过渡元素替代晶体结构中的其他金属元素的结果。很少有将颜色与某种特定的化学元素相关联的有用概论，但粉色通常由锰致色，绿色通常由二价铁、铬、钒致色。颜色可通过热处理或辐照实现，但这些变化并非总是耐久的。

锂电气石通常可通过其柱状外形来识别，典型外观像铅笔一样细长，横截面形状介于六方晶系与三方晶系之间；晶体通常足够完美、干净以成为天然宝石。颜色是晶体生长过程中由于环境改变导致化学成分变化所产生的，因此这种环境改变最终导致化学成分和颜色都有变化。锂电气石晶体在端部生长最快，随着晶体生长发生颜色变化；沿着晶体长轴从核到皮的逐层生长变化产生出西瓜碧玺品种。锂电气石是最先被切磨成双色及多色宝石的宝石矿物。

大多数碧玺都具有强二色性，这是在切割宝石中很重要的参考因素；当沿光轴方向观察时，颜色更深，甚至于从晶体侧面观察时颜色会不同。类似亚历山大变石的稀有碧玺在日光下呈现带黄色调

来自不同产地、不同颜色的刻面锂电气石，重 1.27~127.70 克拉。

或棕色调的绿色，而在白炽灯下呈现橘红色。晶体中偶尔会生长有平行长柱状方向的管状液体包体。如果这些管状包体数量众多且纤细，像纤维一样，那么经过适当定位的宝石可以展现出猫眼效应。

电气石的晶体结构中没有对称中心，组成晶体结构的元素如同是指向同一三方晶体轴线方向的箭。因此，当一些晶体被加热时，晶体的一端会呈正电性而另一端呈负电性；晶体冷却时会恢复。这一属性——热电性——最初在碧玺中被发现。

一种类似的充电现象会在晶体末端受到压力时出现。这一性质即压电性在工业和电子方面有重要应用。在普通的宝石中，只有碧玺和石英具有热电性和压电性。

一些晶体品种及其颜色

红碧玺：粉色到红色

紫碧玺：紫罗兰色到紫红色

蓝碧玺：蓝色

帕拉伊巴碧玺：电光蓝绿色（铜致色）

绿碧玺：绿色

无色碧玺：无色

注：新的规定是通过颜色替代依据产地将碧玺分类，但是旧习难改。帕拉伊巴碧玺是自 20 世纪 80 年代后才被知晓。

历史

长期以来对于希腊和罗马从亚洲进口碧玺的观点最近刚刚被证实，一件优质的描绘亚历山大大帝头部的凹凸雕件（目前在英国阿什莫尔博物馆）被确认为一颗颜色分区的紫 - 黄色碧玺。它的产地是印度，而它的雕刻时间为公元前 3 世纪。另一个比这晚得多的宝贝是一枚金戒指，其上镶着一颗粉色素面碧玺，来自北欧，制作时

一个极好的 10.5 厘米双色锂电气石晶簇，产自加利福尼亚州帕拉的电气石皇后矿。

间为公元1000年。1346—1348年，布拉格的圣·温赛斯拉斯（Saint Wenceslas）的皇冠上有一枚巨大的红色宝石，曾一度被认为是红宝石，但实际上是一颗碧玺。针对其他保存至今的早期珠宝，在检测后将可能发现更多的碧玺，进一步证实碧玺被用作宝石材料已有超过2 000年的历史。

“Carbunculus”一词是指红色透明宝石——包括红宝石、尖晶石、石榴石，还可能包括红色碧玺——从公元前1世纪的普林尼时代到中世纪。在16世纪早期，绿碧玺从巴西出口到欧洲，它被认为是巴西祖母绿。

中国人认为红色、粉色碧玺很有价值，并且将小颗粒的刻面碧玺用作头饰或腰带的装饰物，用碧玺做的顶戴花翎上的朝珠来显示官员的官阶。瑞典古斯塔夫三世（Gustavus Ⅲ）于1777年第一次对俄国进行国事访问时选择了一颗硕大的“红宝石”作为送给叶卡捷琳娜大帝的礼物，但它事实上是一颗在中国切磨的、极优质的缅甸碧玺。

1703年，一包来自斯里兰卡的标注着“turmali”或“toramalli”（这两个单词是“有点儿不像地球上的东西”的僧伽罗语的不同形式）的宝石落到了一个荷兰宝石匠手里。据传，孩子们在一个珠宝匠的店门外玩一些“卵石”的时候发现，这些小石头在被太阳温暖后，可以吸引灰尘和稻草，就像磁铁可以吸引铁屑一样。因而这种石头被称为“Ashenstrekkers”或“吸灰石”。（由于它们是天然的灰尘收集器，博物馆中的碧玺要经常清洗因为它们在日常展出时每日受到灯光

一位19世纪中国官员带着看似红碧玺的顶珠的插图。

巴西产的双色锂电气石——雕刻成犀牛的样式，长 8.5 厘米。

的加热。）碧玺热电性的发现引发了大量的调查，结果显示只有某些有多种颜色的宝石具备这一性质。最后，在 1801 年，所有的信息综合到一起得到了碧玺“家族”的鉴别特征。

在整个 18 世纪，碧玺的主要产地都是缅甸、俄罗斯、斯里兰卡和巴西，但在 1820 年的一个下午晚些时候，两个缅因州男生，伊利亚 · L. 哈姆林 (Elijah L. Hamlin) 和以西结 · 福尔摩斯 (Ezekiel Holmes)，在从米喀山徒步旅行回来的路上发现了一颗漂亮的绿色晶体在倒下的大树的树根下闪闪发光。这颗宝石被鉴定为碧玺。然后，从 1822 年开始米卡山以及后续的缅因州其他矿山被开发出来，这些矿区能够出产大量的红、绿碧玺以打开一个市场——且具有价值。随着缅因州以及加利福尼亚几处矿山的发现，美国一度成为了世界上碧玺的主要供应国。购买者包括慈禧（1835—1908），她曾派人去加利福尼亚购买她所钟爱的红色碧玺。

锂电气石晶体产自缅因州米卡山。这颗绿色的碧玺（左上）就是最初在缅因州发现的那颗。伊利亚·哈姆林将它镶在了一块表链的装饰物上，其轴承的铭文上写着“Primus”（苏格兰教派教会的主教——译者注）。它被他的曾孙女K.B. 哈姆林捐赠给了博物馆。最大的晶体有 5.3 厘米长。

易与碧玺混淆的宝石

包括托帕石、绿柱石（祖母绿、海蓝宝石、摩根石以及金色绿柱石）、锂辉石（紫锂辉石以及翠绿锂辉石）、橄榄石、红柱石和磷灰石。深绿色合成尖晶石也被当作合成碧玺销售。

传说

碧玺这一新宝石没有在传说中出现，也没有很悠久的历史。即使是乔治·F.昆兹，这一碧玺的推广者以及将其介绍给蒂凡尼的人，由于这个缘故，也反对将它作为替代的10月份生辰石。

随着近来神秘主义的复兴，碧玺成为了新时代信徒的宠儿，他们相信这种矿物的热电性和压电性的性质可以产生强大的、放大精神的能量以及中和负面能量的功效。

产地

碧玺是一种相当普遍的矿物，是最常见的含硼硅酸盐。宝石级碧玺实际上受限于花岗伟晶岩——富含硼、铍和锂等挥发性组分。伟晶岩不仅仅产出锂电气石晶体还产出其他含有这些元素的宝石矿物——如锂辉石和绿柱石等宝石。

巴西是全世界最主要的碧玺产地。米纳斯吉拉斯州东部的伟晶岩地区可产出绿色、粉色、红色和西瓜碧玺。碧玺在巴伊亚、帕拉伊巴以及北里奥格兰德也均有产出。美国也是排名靠前的碧玺供应国。加利福尼亚圣地亚哥的格兰德平顶山

产自加利福尼亚州帕拉的粉色锂电气石——一颗10厘米长的晶体以及一颗419.50克拉的刻面宝石。

的 400 个伟晶岩脉，在 1902 到 1911 年共产出 120 吨宝石级碧玺。1910 年产量达到了巅峰；然而，随着巴西持续上涨的供应以及 1912 年中国最后一个封建王朝的衰落，加利福尼亚锂电气石失去了它的市场，许多矿在 1914 年关闭了。在过去的四十年里，采矿业又重新兴起。大多数加利福尼亚州的锂电气石是干净的粉色，但是它没有缅因州锂电气石那样极好的净度。缅因州东部的伟晶岩，如纽里（Newry）也有少量出产它们的州石——碧玺。在 20 世纪初期，康涅狄格州也是一个产地。近年来的重要产地包括阿富汗、马达加斯加、莫桑比克、尼日利亚（尤其是后两者可产出帕拉伊巴颜色），以及赞比亚。

评估

颜色的浓度和纯净度以及净度是需要考虑的最重要的质量因素。最具价值的碧玺是帕拉伊巴电光蓝，其次是覆盆子红、中等深度的祖母绿绿色以及艳蓝色。双色和多色碧玺价值紧随其后。具有猫眼效应的品种，如果眼线位置适宜且产生眼线的纤维状包体空洞不粗糙那么也很有价值。在过去的三十来年中，碧玺首饰需求量巨大。碧玺晶体也因其艳丽的颜色和外形而被晶体收藏者们追捧。乔治·昆兹认为碧玺是“掉落人间的绿光”的观点也被充分验证了。（韩佳洋　译）

一颗颜色分区的钙锂碧玺抛光薄片，13.2 厘米宽，产自马达加斯加。钙锂碧玺是一种不常见的碧玺品种，1977 年以宝石学家 R.T. 利迪科特（R.T.Liddicoat）的名字命名。

产自阿富汗努力斯塔尼的双色锂电气石晶簇，长 23 厘米。

锆石和橄榄石

ZIRCON & PERIDOT

锆石

ZIRCON

在20世纪20年代，市场上突然出现一种新的蓝色宝石。它光彩夺目，对市场上的其他宝石构成冲击。这种宝石就是锆石，通常呈棕绿色而不是蓝色。美国著名的宝石学家，传说中的蒂凡尼的地质学家乔治·弗雷德里克·昆兹，对此立即有所察觉并表示怀疑，认为这种所谓奇特的宝石不但产量丰富，而且遍布全世界。在昆兹的请求下，一个同事在暹罗（泰国）旅行时打听到，一大批不起眼的铜色宝石已经激起了当地企业家在宝石颜色改良方面的实验热潮。

浅褐色的宝石材料在无氧环境下加热便成了“新”的蓝色宝石，之后这些宝石被送到全球各地的零售点。

当这种欺骗被揭露，并未引起市场的哗然，对这种新宝石的需求仍持续不减。

锆石参数

硅酸锆：$ZrSiO_4$

晶体对称性：四方晶系

解理：无，但是性脆

硬度：7.5

比重：4.6~4.7

折射率：1.923~2.015（高）

色散：高

注意：锆石不是氧化锆，氧化锆是一种人造的钻石仿制品——锆的氧化物，ZrO_2。

对页：这颗圆明亮型切割的锆石来自泰国，重208.65克拉，是目前已知的最大的蓝色锆石。

性质

锆石品质卓越、光的色散和抗火性能好、净度高、色彩多样——这些都是锆石的突出优点。天然锆石在最初结晶时，其颜色从无色到淡黄色或绿色。这样颜色的出现是由于锆石内部有少量的钍和铀替代锆晶体结构而成。但随着地质年代的改变，铀和钍的排放造成辐射损伤。这样的损伤特别严重，可致使锆石原有结构被毁。其内部一种玻璃样物质会随着颜色由红色到棕色、橙色或黄色而发生变化。而热处理可以恢复锆石结构和颜色或产生新的颜色，如黄色、蓝色甚至无色。无色锆石可以很好地模仿钻石的光学，模仿效果强于任何其他宝石矿物；它的折射率和钻石接近，色散也几近完美。

大部分锆石很脆，轻微的敲击就会磕掉一个角落甚至整体分裂。这种脆弱性来自于内部压力，该压力要么是辐射损伤导致，要么是热处理的结果。由于四方对称性，锆石晶体具有方形的截面和金字塔状的终端，这也使得它们很独特。

历史

阿拉伯语单词“zar”和“gun”的意思分别是“金”和“颜色”。这可能是我们使用的这个词的来源。“风信子”和“风信子石”这两个在欧洲被使用的术语，指的是红棕色和橘红色的石头。之后这些术语便应用于具有相似颜色的锆石和其他矿物的命名上。

锆石在希腊和意大利的使用可追溯到公元6世纪。14世纪开始，锆石被切割成刻面宝石而被当作钻石并流行于市。1950年，无色锆石在勒皮昂瓦莱（法国南部城市）被开采，之后作

在印度尼西亚爪哇岛的婆罗浮屠寺，一个浮雕呈现了这样的细节：庆祝神圣的由宝石装饰的茹树，据说叶子就是绿色锆石。

为一种“法国之钻”而被买卖。后来，斯里兰卡无色锆石在交易中被称为“马图拉钻石”（因其被发现的地点而得名）。

在19世纪的欧洲，红棕色锆石成为最流行的宝石。而目前，最常见的是淡蓝色、金黄色和无色的锆石。

传说

和其他宝石一样，锆石也和神圣的、具有神话色彩的印度教“如意”——茹树有关。

茹树被 19 世纪的印度诗人描述为挂满发光的宝石，如钻石、蓝宝石和黄玉。绿锆石代表了树木的树叶。

根据 18 世纪马尔伯德（Marbode）记载，作为旅行者的护身符，锆石（风信子或风信子石）能保护佩戴者免受疾病和伤痛，保证良好的睡眠，确保旅行者走到哪里都受到热忱的欢迎。五百年后，根据卡达诺（Girolamo Cardano）叙述，锆石能提示它的主人谨慎节俭（这样可以保证主人在财务上的成功），并保佑主人不被闪电击中。直到 17 世纪，关于宝石的神奇性能的普遍信仰才慢慢衰退。

比利时矿物学家安塞尔姆斯·德·布特（Anselmus de Boodt）提出，宝石自身并不能产生超自然的效应。尽管如此，他仍相信锆石在防止瘟疫上的魔力和能量。

产地

锆石是火成岩的一种常见的次要成分，特别是花岗岩的次要成分，在较小程度上，也是变质岩的次要成分。其宝石晶体很罕见，主要在结晶花岗岩和裂纹中才能被发现。锆石集中存在于砂矿和海滩沉积物中。

泰国的尖竹汶府地区、柬埔寨佩林地区和南部越南柬埔寨边境附近是锆石的主要产地。蓝色、无色、金黄色、橙色和红色锆石，几乎所有的热处理锆石，都出自这些地方。

在斯里兰卡，锆石也可在砾石中被发现。斯里兰卡是下一个最重要的锆石来源，其他的锆石产地有缅甸、坦桑尼亚、法国、挪威、澳大利亚和加拿大。

这些锆石来自斯里兰卡和泰国，重量在 7.76 克拉至 40.19 克拉不等。

评估

在对锆石进行评估时，色彩和清晰度是最重要的指标。最主要的和最稀有的锆石颜色是红色，其次是纯蓝色和天蓝色，再次是无色、橙色、棕色和黄色。锆石本身任何可见的缺陷都会大幅减少其价值。

大多数锆石已被热处理。经热处理，其颜色可能改变，一些锆石的脆性增强，成为其不利特征。锆石的美在于它丰富的色彩，极高的净度、亮度和耐火性，至今依然流行。和其他宝石相比，它的价格也是非常的合理。

橄榄石

PERIDOT

三千年来，红海上一个小小的、荒凉的禁岛被开发为橄榄石宝石的开采地。在这片几乎寸草不生的土地上，没有淡水，只有在寒冬季节，残酷的高温才会稍稍下降。从埃及巴斯纳港口，小船还需航行 30 多英里的鲨鱼出没的水域才能到达该岛。海滩沉积物旁边的部分全是绿汀宝石晶体。穿过古老的挖掘地，沿着橄榄岩山向上，你会发现成行的裂沟，宽几毫米到几厘米不等，一行行都是完整的或是断裂的水晶。这个岛就是巴贾德岛（Zabargad），阿拉伯语为“橄榄石”。巴贾德岛是橄榄石历史和辉煌的发源地。

橄榄石参数

各种各样的镁橄榄石 Mg_2SiO_4，与铁橄榄石构成一个完整的类质同象系列（固溶体）橄榄石矿物

镁铁硅酸盐：$(Mg, Fe)_2SiO_4$

硬度：7

晶体对称性：斜方晶系

比重：3.22~3.45

解理：两组不完全解理

折射率：1.635~1.690（中等）

对页：4.1 厘米长的橄榄石晶体和 10.92 克拉的切割宝石，两个都是来自埃及的巴贾德岛。

性质

对橄榄石来说，橄榄绿色到浅黄绿色是它最重要的品质。这一特别的颜色是由成分铁导致。颜色的饱和度随着铁含量的增加而增加；褐色的色泽则是由于氧化所致——铁从二价到三价发生微妙转化。约百分之九十的橄榄石是镁橄榄石，其余是铁橄榄石。透明的宝石有合理的性能：温和的耐久性和光泽——略带油脂的光泽。

历史

埃及人使用橄榄石珠早在公元前 1580 年。公元前 2 世纪和公元前 1 世纪的希腊地理学家斯特雷波（Strabo）和阿伽撒尔基德斯（Agatharchides）在他们的作品中描述了巴贾德岛上开采矿石的情形。公元 3 世纪和 4 世纪的希腊和罗马，橄榄石用于制作凹雕戒指、镶嵌和吊坠。

在中世纪，十字军把橄榄石带回欧洲；其中一些被保存在欧洲的大教堂。在奥斯曼帝国的中后期（1300—1918），橄榄石是非常珍贵的。土耳其的苏丹拥有世界最大的宝石收藏。在伊斯坦布尔的托普卡帕宫博物馆里，有一个黄金宝座上装饰着 955 颗依天然形状磨圆的橄榄石宝石。橄榄石也出现在头巾饰品和珠宝盒表面。

“橄榄石”这一术语何时被第一次使用已无从考证，法国珠宝商已使用这一术语很久，早于法国矿物学家阿羽（R.J. Haüy，1743—1822）将这一术语应用于矿物。黄绿色的橄榄石有时被称为雪沸石，该词在希腊语中的意思是“金”和“石”，这种橄榄石有时也和黄玉或绿宝石混淆。

在 19 世纪，橄榄石在欧洲和美国开始流行，20 世纪前半叶，巴贾德岛上的橄榄石开采非常活跃。

橄榄石镶嵌的灯笼挂在托普卡帕宫殿（1459），伊斯坦布尔。

传说

古埃及人称橄榄石为“太阳的宝石”。从一个古希腊刻在石头上的手稿中我们可以发现，橄榄石的佩戴是皇家尊严的象征。人们还相信，石头会保护它的主人远离恶魔。马伯德写道：为了实现这一点，橄榄石宝石必须被刺穿，用驴毛串起来，然后绑在佩戴者的左臂。一份 13 世纪的英语手稿指出：火炬手是太阳的象征，如果一个火炬手被刻在橄榄石上，它就会给橄榄石的拥有者带来财富。

来自缅甸的 164.16 克拉橄榄石（上）；下面两颗橄榄石重量分别为 95.19 克拉和 61.55 克拉，来自巴贾德岛。

产地

镁橄榄石在玄武岩中普遍存在，且在橄榄岩岩石中是最常见的。但大块的不易碎裂的橄榄石晶体则很罕见。在巴贾德岛，橄榄岩岩石表面全是花岗伟晶岩一样的岩石脉络。目前，巴贾德岛的开采不是很活跃，期盼在中东能有所突破。

大小适中的橄榄石原石，主要开采于亚利桑那州的圣卡洛斯印第安人保留地的橄榄岩。这些原石很少超过 5 克拉。历史上另一些大量的五星品质橄榄石开采源在缅甸的抹谷石道北部边界的 Pyaung Gaung 矿区。

20 世纪 90 年代，在偏远的巴基斯坦北部科希斯坦和萨帕特地区，橄榄石是从橄榄石岩石狭小的凹洞中开采出来的，成为橄榄石晶体的第三开采源。但由于政府动荡和海拔高度的关系，橄榄石的开采一直是零零星星。橄榄石还分布于巴西的米纳斯吉拉斯州、挪威的桑莫尔、中国和肯尼亚地区。

评估

橄榄石颜色越绿，价值越高。稍微带点褐色就会降低它的市场价格，任何瑕疵都会令橄榄石严重掉价。通常，橄榄石的克拉单价并不会随着宝石尺寸的增加而增加。（戚鸣　译）

易与橄榄石混淆的宝石

这些宝石包括电气石、绿色锆石、绿色石榴石、金绿宝石、莫尔道玻陨石（玻陨石—— 一种天然玻璃）和硼铝镁石。

绿松石和青金石

TURQUOISE & LAPIS LAZULI

绿松石

RURQUOISE

绿松石在宝石的发展历史上占据了两个第一——第一个被开采和第一个被仿制。一些不太明显的证据表明，在公元前3100年之前，西奈半岛的瓦迪·马格哈拉（Wadi Maghara）和塞拉比特·卡登（Serabitel Khadem）这两个地方就出产绿松石。埃及的绿松石串珠可以追溯到公元前4000年，是在巴达（al-Badari）地区发现的。在国王塞米尔卡特（Semerkhet）时期（大约在公元前2923—前2915年，第一王朝期间）保留下来的文件中记录到，埃及在那时进行了大量的采矿作业，成千上万的劳工被雇佣，这种采矿作业一直持续到了公元前1000年。

到了公元前3100年，绿松石供不应求，廉价替代品受到欢迎，因为我们发现了这一时期被用作手工艺品的仿制绿松石（上蓝色和绿色釉的滑石——彩陶器的一种）。

绿松石参数

铜铝磷酸盐：$CuAl_6(PO_4)_4(OH)_8 \cdot 4H_2O$

晶体对称性：三斜晶系（通常为隐晶质）

解理：在多数宝石中没有观察到

硬度：5~6

比重：2.6~2.8

折射率：平均1.62

对页：一颗高拱弧面形绿松石，重达93.98克拉，来自伊朗。另一颗弧面绿松石，重90.20克拉，具有蜘蛛网状的脉状纹理，来自美国新墨西哥州圣里塔（Santa Rita）。

性质

颜色是绿松石最重要的宝石学性质，而绿松石的其他宝石学性质并不理想。绿松石通常是以微晶集合体形式出现的，因此它看起来是不透明的。绿松石相对较柔软，容易受到划伤。它的疏松多孔使它在吸收油和颜料后容易褪色，脆性使它容易破碎；只有结构最致密的品种才可以抵抗这些劣势。天空蓝色的绿松石是自色宝石，其颜色由铜元素引起。含铁的绿松石会偏向绿色调。绿松石上常见赭色或棕黑色的脉络，这种脉络是由氧化物或者是含有绿松石围岩包裹体所致。

绿松石雕刻而成的佛教狮子，长 6.1 厘米，来自中国西藏。

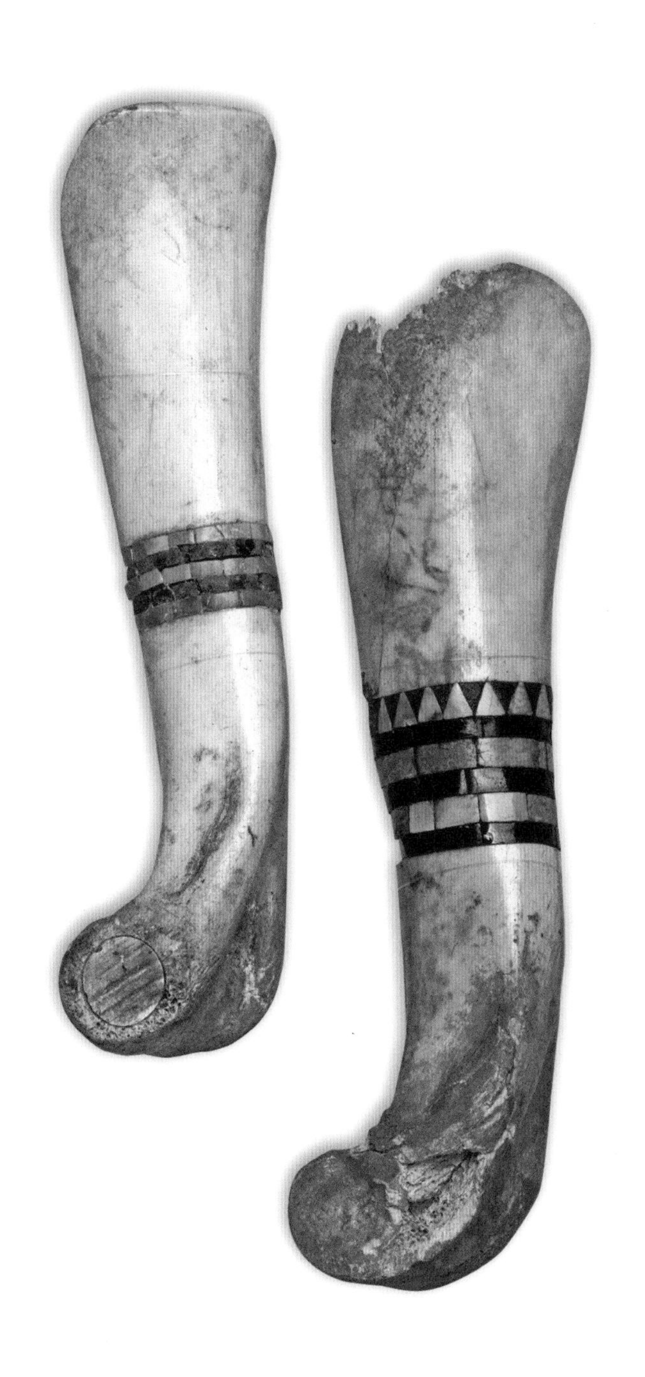

骨器，镶嵌绿松石和煤精，长 15 厘米，1896 年海德探险期间在查科考古遗迹发现，考古遗迹位于新墨西哥大峡谷。

历史

绿松石（turquoise）这个名字直到公元 13 世纪才开始使用。普林尼使用“callais”这个词，来自希腊语“kalos lithos”，意思是“美丽的石头”。在欧洲贸易中，威尼斯商人们在土耳其市场购买绿松石，之后卖到欧洲其他国家，所以这种蓝色的石头被法国人称为“pierre turquoise”，意思是“土耳其石”。

应该是美索不达米亚地区（伊拉克）的人们最先佩戴绿松石，因为绿松石串珠是在这里发现的。绿松石还作为土耳其的国石，用来装饰国王的宝座、匕首、剑柄、马套、碗、杯子和其他可以装饰的器物。而那些高级官员们更是以佩戴镶嵌着珍珠和红宝石的绿松石印章来彰显身份。虽然绿松石时常会出现大块的瑕疵，但是金工的螺旋图案可以掩盖这些。到了公元 7 世纪后，嵌金工艺已经可以将古兰经或波斯谚语刻在绿松石上，将其制成护身符。在中国的西藏，绿松石更是被看作最珍贵的宝石，与和田玉同样重要。

公元前 600—前 700 年的西伯利亚首饰中经常镶嵌绿松石，稍晚一点，南俄罗斯流行绿松石片。古代希腊和罗马人把绿松石制成戒指和吊坠，也用作串珠，但是绿松石并不是他们最喜欢的宝石。在欧洲中世纪时期，它变得越来越受欢迎，常用于装饰器皿和手稿的封皮。文艺复兴时期，开始流行将绿松石用于个人装饰品；到 17 世纪，除非某人佩戴了绿松石，否则“没有人会认为他的手富有美感”，安塞尔姆斯·德·布特说。在接下来的几个世纪中，绿松石依然很受欢迎，它使得镶嵌着华丽珠宝的王冠更绚丽。在欧洲，它已经成为最受欢迎的不透明宝石。

在美国，绿松石的历史大约要追溯到 1 000 年前，此时新墨西哥州塞里洛斯的绿宝石山（Mount Chalchihuitl）的绿松石矿才开始开采。当地的美国人用手持的工具，在整个山脉开采；北部一侧的所有的绿松石都产自一个直径 61 米，深 40 米的矿坑中。

绿松石在阿根廷、玻利维亚、智利、秘鲁、墨西哥、美洲中部和美国西南部的墓葬区也有发现。印加人喜欢将绿松石制成串珠和小雕像，也会把精美的绿松石镶嵌起来。阿兹特克人则把绿松石镶嵌在马赛克式的吊坠和宗教仪式场合使用的面具中。祖尼人、霍皮族人、普韦布洛人和纳瓦霍人都会用绿松石制作华丽的项链、耳坠和戒指。新墨西哥州西北的查科考古遗迹中，在一副骸骨附近就发现了近 9 000 件串珠和吊坠。在这些墓葬区一共发现了 24 932 件串珠。

传说

在波斯（伊朗），传说凡是在绿松石上看到新月的人，就会受到神灵的庇佑并且交到好运。印度人也有一个相似的信仰：如果一个人看到新月，接着又在绿松石上看到，就会获得很多的财富。对纳瓦霍人来说，把一块绿松石扔向河里（当祷告者对着雨神祈祷），求雨的愿望就会实现。根据阿帕切族的传说，在枪或弓上镶嵌绿松石能够使目标瞄准得更精确。

根据 13 世纪的记录，绿松石也能够在它的佩戴者摔落时起到保护作用。这一传说可以追溯到绿松石在波斯和撒马尔罕作为马的护身符的使用时期。也有一种传说，通过绿松石是否改变颜色可以判断出妻子是否忠贞。

产地

绿松石在半干旱到干旱环境中的浅水面附近结晶形成脉状和结核状宝石。它的化学成分来自周围经过雨水和地下水渗透的岩石，因此绿松石经常和风化的火成岩生长在一起，这些火成岩含有以铜为主要元素的矿物。

在第一次世界大战之前，伊朗最重要的产业就是近 100 个绿松石矿山的开采。随着第二次世界大战开始，绿松石的产量下降，但是在战争之后又开始复苏，在美国内华达州、亚利桑那州、科罗拉多、新墨西哥和加利福尼亚都有发现，现在这些地方是主要产区。很多绿松石是铜矿的副产品。大多数的美国绿松石颜色浅，疏松多孔，通常含有脉石，仅仅 10% 的绿松石可以达到宝石级。绿松石的其他产地有亚美尼亚、哈萨克斯坦、中国、澳大利亚、以色列、墨西哥和阿富汗。

评估

颜色的浓度、均匀度以及抛光质量都影响绿松石的品质。很稀有的深天空蓝色（知更鸟蛋的蓝色）是最好的。有脉石的绿松石通常比没有脉石的价值低。有脉石的绿松石中，脉石呈蜘蛛网状分布的品种是最有价值的。

坚硬的、相对无孔的、结构致密的绿松石才可能有很好的抛光效果。对于灰白色，疏松多孔的绿松石，人们有时会通过浸油、石蜡、树脂、甘油或含钠的硅酸盐等方法来改变它的颜色，使它可以有一个好的抛光效果。这种绿松石通常作为稳定绿松石来出售。而对于其他一些绿松石，人们甚至用蓝色染料涂刷其表面，之后再覆盖一层透明的塑料来改变提高颜色。对于大量疏松多孔的绿松石，人们也会用环氧树脂来充填。市场的很多绿松石都是用这些人工方法处理来改变颜色，所以在购买绿松石时应格外小心。

一颗抛光的磷铝石球，直径 7.5 厘米，来自美国犹他州的费尔菲尔德（Fairfield）。磷铝石经常被误认作绿松石。

易与绿松石混淆的宝石品种，以及绿松石的仿制品和合成品

硅孔雀石，硅孔雀石与石英，齿松石（一种天然的染色化石骨制品），磷铝石和孔雀石都是容易和绿松石混淆的宝石。

玻璃、瓷器、塑料、珐琅、染色玉髓、染色的硅硼钙石、染色并且用塑料处理的大理岩和二层拼合石都可以仿制绿松石。

人工产品以特殊的名字来出售，例如维也纳绿松石、汉堡绿松石和新松石。自 1970 年起，合成绿松石就已经开始在法国生产和销售。

青金石

LAPIS LAZULI

青金石可能是最早被人类使用的蓝色宝石，它在阿富汗有着悠久的开采历史。青金石在阿富汗有重要地位，比如在阿富汗对美国的外交政策中青金石扮演着很重要的角色。在 1985 年，阿富汗战争期间，一些证据表明青金石是穆斯林游击队员购买武器与获得苏联支持的重要资金来源。事实上，喀布尔政府也通过买卖大量的青金石来筹集资金。结果导致在战争期间青金石在市场上的供应异常丰富。在抗击基地组织和塔利班战争的一年，青金石供应发生了变化，但是阿富汗的青金石仍然是可以获得的。尽管如此，饱和均匀的蓝色中带有少量金色斑点的青金石是最好的，这种青金石并不多见了。

青金石参数

主要由（一种含硫、氯、羟基的钠铝硅酸盐一（Na，Al）$_8$（$Al_6Si_6O_{24}[S_2，(SO_4)] \cdot nH_2O(n<1)$））矿物和一定量的黄铁矿（类似于黄铜的斑点）以及白色方解石组成的岩石。

解理：无

比重：2.7~2.9

硬度：5~5.5

折射率：大约 1.5（不透明）

对页：抛光的青金石原石，来自阿富汗，高 13.5 厘米。

性质

由于青金石不透明，所以它最重要的性质就是颜色和耐久性。青金石不是很坚硬，但是结构纤细致密的青金石是比较硬的。青金石本身的蓝色由硫导致，非金属元素也可以产生浓烈的颜色，这是一种有趣且不寻常的现象。在 1828 年以前，青金石一直被磨碎用作深蓝色染料，直到人们发明了一种合成的替代品。

历史

在埃及，青金石串珠、圣甲虫形的青金石、青金石吊坠和首饰可以追溯到公元前 3 100 年。这种石头被看作为宝石和护身符。磨成粉末后，可以入药也可以用作化妆品，是最原始的眼影。

在苏美尔（Sumer）乌尔（Ur）城的普阿比王后（公元前 2500 年）陵墓，出土了大量带有青金石的饰品——三个金头饰、两个圆珠项链、一个金的短项链、一个银胸针和一副镶金耳环。

在中国，孔子（大约公元前 551—前 479 年）时代，人们才将青金石用作发饰和腰饰品。

而根据古希腊哲学家泰奥弗拉斯托斯的描述，早在公元前 14 世纪，希腊人就把青金石雕刻成圣甲虫和金龟子的造型。在罗马，青金石被做成凹雕的雕件、简单的戒指、圆珠和镶嵌饰品。古希腊和古罗马时期，人们使用“sapphirus”这个词命名青金石；“lapis lazuli”是在中世纪时期才开始使用的。拉丁语“lazulus”的意思是“蓝色的石头”，来源于古波斯语“lazhuward”，意思是“蓝色”；阿拉伯语“lazaward”，意思是“天堂”“天空”或者仅仅是“普通的蓝色”。

在欧洲文艺复兴时期，青金石是最受欢迎的美术工艺品雕刻材

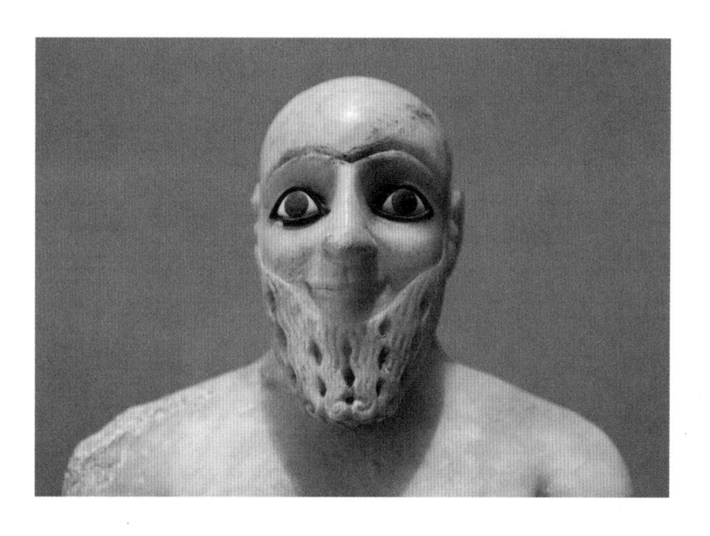

埃本伊尔（Ebih-u，大约公元前 2400 年）的雕像，双眼由青金石镶嵌，他是古代叙利亚城市马里（Mari）的管理者。现藏于卢浮宫博物馆。

料。所以当俄国的叶卡捷琳娜大帝得知在贝加尔湖附近发现了青金石时，她立刻下令对其进行开采。在接下来的 1787 年，这位女皇用青金石装饰了位于皇村（Tsarskoye Selo，现为普希金村）的宫殿里的一整间房间。窗户、门、壁炉甚至镜框都是用青金石制作的。

如今，青金石一般都做成圆珠、戒指和吊坠，是男士首饰的首选。

传说

对佛教徒来说，青金石能够令佩戴者心境平和，消除邪恶的杂念。在《药物论》（大约公元 55 年）这本书中，希腊的医师和药物学家戴尔斯科瑞德斯（Diascorides）介绍说，青金石是治疗毒蛇咬伤的解毒药。到了 13 世纪，青金石的治疗效果扩大了；大阿尔伯图斯（Albertus Magnus）在他的矿物学专著中建议，可以用青金石治疗间歇性发热和忧郁症。

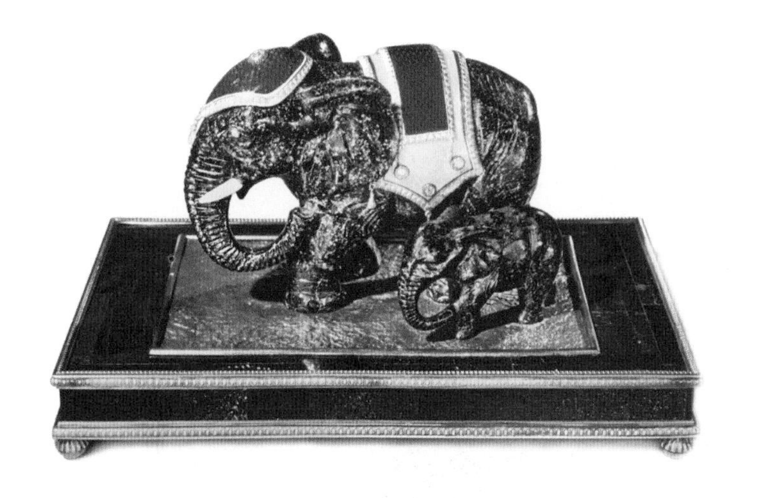

俄罗斯青金石雕件，嵌有纯银、黄金、红色和黄色的珐琅以及小粒玫瑰琢型的钻石。长 16 厘米，底座上有法布瑞格工作室（Fabergé）的标记。

产地

青金石是一种稀有的变质岩，由花岗岩岩浆和大理岩相互作用形成。除了阿富汗之外，智利也是这种宝石的主要产地。圣地亚哥北部的科金博省的安第斯山脉是最多产的矿区。哥伦布发现美洲大陆以前，该矿区由印加人开采，这一矿区现在也一直在开采中。

智利安托法加斯塔附近是一个不太主要的矿区。智利的青金石通常都带有大量的方解石，尽管最近报道说发现了产出青金石品质更高的矿区。俄罗斯的青金石产区在贝加尔湖附近，在帕米尔高原的霍洛格附近的塔吉克斯坦也有发现。青金石小产量的矿区有缅甸的抹谷矿区、巴基斯坦、蒙古、加拿大、意大利以及美国的科罗拉多州和加利福尼亚州。

评估

青金石颜色的品质、纯度以及均匀度很大程度上决定了青金石的价值。最受欢迎的颜色是浓紫蓝色。不含黄铁矿或方解石包裹体的青金石也是很受欢迎的。含有黄铁矿的青金石比含方解石的更有价值。采用石蜡处理会把白色的方解石掩盖起来，用蓝色染料染色也是一种处理方式（用浸泡了丙酮或卸甲油的棉球擦拭可以发现染料的痕迹，在棉球上可以看到染料的蓝色；实际上，这种测试方法对大多数的染色宝石都起作用）。青金石包含矿物的硬度不同，抛光效果也会有差异。只有高品质的，几乎没有包裹体的青金石才可以被磨得很光滑，甚至有光泽。（李国一　译）

易与青金石混淆的宝石，以及青金石的替代品和仿制品

方钠石、蓝铜矿、天蓝石、蓝线石易与青金石混淆。

最常见的青金石替代品是染色的蓝玉髓，市场上称德国青金石和瑞士青金石。

合成尖晶石是青金石的仿制品，将金嵌入表面的孔洞来模仿包裹体黄铁矿（也称愚人金）。

用青金石雕刻的中国式帆船，高15.2厘米。

欧泊

OPAL

对于欧泊来说，虽然它容易受到磨损，不适合制作成戒指，但在珍贵的欧泊上呈现出彩虹般的颜色，其纯粹的美丽性已经使人们不在乎物理性质上的不足。众所周知，欧泊这种宝石很脆弱，镶嵌起来也较为困难，轻轻的敲打或是温度的骤变都有可能损坏欧泊。麻烦的是这种宝石含有水，某些产地的欧泊可能会失水从而变小或产生裂纹。欧泊首饰也需要小心的维护，比如佩戴时要尽量贴近身体，这样可以减少磨损的机会；在恒定的温度下保存欧泊；可以涂一点润肤乳帮欧泊保湿。

欧泊参数

水合二氧化硅：$SiO_2 \cdot nH_2O$

晶体对称性：非晶质

解理：无，但易碎

硬度：5.5~6.5

比重：1.98~2.25

折射率：1.43~1.47（低）

特殊光学效应：变彩效应

对页：澳大利亚发现的欧泊哈勒昆王子（Harlequin Prince），重 215.85 克拉。

欧泊雕刻的树叶，长 6.3 厘米，发现于澳大利亚南部斯图尔特地区。

性质

欧泊最显著的特征就是它的变彩效应，当移动这种宝石时可以看到多种颜色闪光的变换。按照某些标准，欧泊不能算是一种矿物，因为它根本没有晶体的结构。欧泊由微观的二氧化硅球体与更多的硅和水联结在一起形成。欧泊在形成时其中的水越少，物理性质越好。水的损失或者温度的改变会使欧泊中产生应力，最终导致欧泊产生裂纹。而且欧泊硬度小，密度和折射率也都较小。

如果欧泊中的微观球体大小一致并规律地排列，那么它们就可以使白光分散成其他颜色的光（衍射），球体的大小和排列取向决定了形成的颜色。一块欧泊可以包含许多不同大小不同方向的球体形成的区域，于是在这块欧泊上也就呈现出多种不同的颜色，这也就是变彩效应。然而一些普通的欧泊也许有颜色，但并不呈现变彩效应。一些火欧泊虽然透明度足以切磨成刻面宝石，但还是通常被制成弧面宝石或者雕件。

没有变彩效应的欧泊通常被称为蛋白石，也可以作为宝石佩戴。虽然火欧泊可以有变彩效应，也可以没有，但是火欧泊作为宝石，其强烈的橙红体色和极高的透明度已经很惊人了。黄色和棕色半透明的欧泊价格适中。一些欧泊中包含脉状内含物或是条纹状包裹体，看起来就像抽象画一样。“劣质蛋白石”（potch）是对普通欧泊的一种称呼，矿工在寻找贵欧泊时与之区分而使用。

欧泊的颜色和成因

能显现变彩效应的欧泊一般被定义为贵欧泊：

黑欧泊：基底（或者体色）呈现黑色或深色，通常是灰色、蓝色或绿色，可有深色包裹体

白欧泊：基底呈现白色，可有流体包裹体

水欧泊：基底无色透明的欧泊，几乎没有包裹体

火欧泊：透明（变彩效应可有可无）或半透明，常呈现黄色、橙色、红色、棕色-黄褐色，可有氧化铁包裹体

砾背欧泊：欧泊填充于铁质矿石的裂隙和空穴中形成

按照变彩斑点大小和图案将欧泊分类：

点状或针点状：变彩斑点极小，连接紧密

斑状：彩斑稍大一点，能看出棱角形状，多个彩斑形成斑斓的图案

火焰状：欧泊表面红色斑点形成条带，类似于火焰

闪烁状：移动欧泊时，彩斑若隐若现

墨西哥发现的欧泊，重 4.72~31.70 克拉。

历史

欧泊（opal）的名字源自梵语“upala”和拉丁文“opalus”，其含义是“珍贵的石头”。普林尼这样描述过上好的欧泊：“在一块欧泊上，你将看到红宝石如火般的灿烂，紫水晶神秘紫色的光辉，祖母绿海洋般的深邃，世间所有的颜色不可思议地汇聚在一起，这便是欧泊。”

最古老的欧泊矿山位于斯洛伐克（匈牙利）的科希策东北部切尔文尼察（Czerwenitza）山区。有确凿证据表明，该矿区在14世纪就开始被开采，也有迹象表明该矿区是更早的罗马欧泊的来源。直到1932年，该矿区还继续产出奶白色半透明具有变彩效应的欧泊。

在16世纪初，阿兹特克人了解到墨西哥火欧泊的美丽，火欧泊也经由西班牙征服者令欧洲知晓。

莎士比亚在戏剧《第十二夜》中将欧泊称为“宝石中的王后”。19世纪，这种宝石被与厄运联系在一起，因此地位显著下降。许多人认为沃尔特·斯科特爵士（Sir Walter Scott）要对此负责。因为在他写的小说《盖厄斯坦的安妮》（*Anne of Geierstein*, 1829）中，女英雄非凡的祖先赫敏（Hermione）之死，就是因为一滴圣水落在她头顶被施了魔法的欧泊上，使之黯然失色。

1887年，黑欧泊首次在澳大利亚被发现。维多利亚女王将欧泊首饰送给她所有的孩子，为黑欧泊和白欧泊的推广作出了贡献。欧泊也是新艺术运动中最有天赋的珠宝

来自沃尔特·斯科特爵士写的小说《盖厄斯坦的安妮》中的场景，描绘了19世纪初佩戴欧泊的赫敏形象；画者可能是英国画家威廉·隆（William Long），这是他的一幅油画速写。

镶嵌着澳大利亚欧泊、金绿宝石、蓝宝石、托帕石、翠榴石和珍珠的吊坠，长 4.5 厘米；蒂凡尼公司制作（L.C. 蒂凡尼设计）约 1915—1925。

用欧泊雕刻的印第安人头像，长 4.2 厘米。原石产自澳大利亚昆兹兰西部梅恩赛德（Mayneside）。

艺术家雷内·拉利克（René Lalique，1860—1945）最喜欢的宝石，他为莎拉·贝恩哈特（Sarah Bernhardt，1844—1923）设计了欧泊首饰。黑欧泊和白欧泊成为目前最受欢迎的两种宝石。

传说

罗马人认为欧泊象征爱和希望；普林尼对一块胡桃大小的欧泊的唯一评价是，认为它不是欧泊，而是晕彩水晶之类的，因为这么大的欧泊还从未被发现过。阿拉伯人认为欧泊来自于天堂，由于闪电才降落人间。马尔伯德记录了诺曼王朝一块欧泊护身符上的文字："它帮人隐匿踪迹，让偷窃再不必躲藏在黑夜中。"因此，欧泊作为盗贼和间谍的护身符被人们知晓。比利时矿物学家安塞尔姆斯·德·布特总结到："欧泊拥有任何宝石的魅力，展示出世间任何颜色。"根据澳大利亚的一个传说，所有星星都是由一块巨大的欧泊控制，这块欧泊同时控制着金矿中的含金量和人间的情爱。

产地

欧泊形成于近地表火山岩的缝隙和洞穴中；有时，水渗透到沉积的火山灰中，溶解了二氧化硅并替代贝壳、骨骼、木材等，沉积后形成欧泊化石。

澳大利亚仍产出大多数具有变彩效应的欧泊。新南威尔士的闪电岭是黑欧泊最主要的产地。1915 年，人们发现南澳大利亚的库伯佩迪（Coober Pedy）有欧泊产出，库伯佩迪也因此成为世界欧泊之都。原住民将欧泊称为"Kupa Pita"，意思是"洞中的白人"。以前矿工和他的家人们都住在地下，以躲避恶劣的天气，直到现在一些矿工还是这样。白崖（White Cliffs）和安达姆卡（Andamooka）也是欧泊的重要产地。昆兹兰的犹瓦（Yowah）以产出砾背欧泊而闻名。

贝壳形欧泊，产自澳大利亚库伯佩迪，重 69.00 克拉。

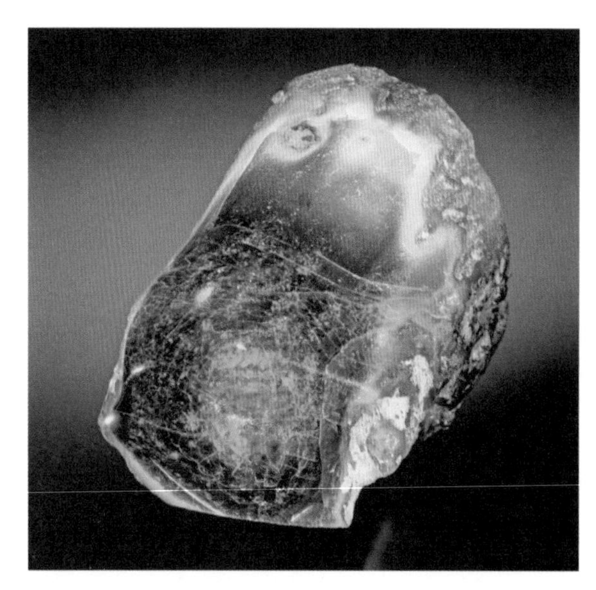

欧泊木化石，长 9 厘米，产自美国内华达州维珍谷。

火欧泊唯一的商业来源就是墨西哥，主要产地在克雷塔罗（Querétaro）附近，1870 年开始开采。墨西哥火欧泊中含有更多的水分，因此比其他产地的欧泊质地更软、重量更轻。墨西哥的哈利斯科（Jalisco）、伊达尔戈（Hidalgo）、瓜纳华托（Guanajuato）、纳亚里特（Nayarit）也产出欧泊。

2008 年，市场上出现埃塞俄比亚的沃洛（Wollo）产出的欧泊，并且其数量逐年迅速增长。埃塞俄比亚欧泊的成因是火山灰沉积，虽然规模很大，但是由于纵向出露难以成矿。这种欧泊的变彩十分绚丽，而且光谱类型很多、差异很大。只是它耐久性的问题对其长期保存很不利。1908 年，人们在美国内华达州维珍谷（Virgin Valley）发现了欧泊。这种石头非常漂亮，但是一旦暴露在空气中，就会失水产生裂纹。因为并没有什么有效措施能阻止欧泊开裂，所以该地的开采十分有限。俄勒冈州和华盛顿是棕色蛋白石和欧泊木化石的产地。其他的商业化产地还包括巴西、洪都拉斯、印度尼西亚、马达加斯加、秘鲁、土耳其。

评估

欧泊的变彩对于其价值来说最为重要。一块上好的欧泊呈现明亮且强烈的彩色，不存在暗淡的区域。黑欧泊比白欧泊价值高，至于彩斑的图案，最有价值的还是斑状变彩。没有变彩效应的火欧泊按照颜色和透明度进行评估。红色欧泊比黄色和棕色的价值更高。

产自澳大利亚的白欧泊可以通过处理变黑，以提高价格。将欧泊先浸入糖浆，取出后再浸入浓硫酸，使欧泊上的糖碳化，欧泊就会变黑。人们还会燃烧木炭和牛粪的混合物，烟熏墨西哥欧泊，使之变黑。可能经过染色的塑料和硅胶也会用来充填巴西、墨西哥、美国爱达荷州出产的欧泊，大幅度改变它们的外观。

一些很薄的欧泊不能做成首饰，所以会制成拼合石。一块达到宝石级别的欧泊薄片粘在普通蛋白石、玉髓或是玻璃的基底上，成为欧泊二层石。如果二层石上覆盖无色石英薄片，就成为欧泊三层石，它的耐久性比欧泊二层石强。（杜华婷　译）

欧泊仿制品、替代品及合成欧泊

玻璃和塑料都可以仿欧泊，但是效果不好。可能除了拉长石之外，没有天然的矿物与欧泊相似。1972 年，法国人吉尔森（P. Gilson）首次将合成欧泊商业化生产，并且非常成功。

长石

FELDSPAR

一半以上的地壳由长石矿物集合体构成，但自然界中很少出产宝石级的长石。因显著的晕彩效应而为人们熟悉的长石品种有月光石和拉长石。上好的蓝月光石制作的装饰品在柔光照射下显得美丽动人，而具晕彩的拉长石也如孔雀的尾羽一样吸引人。拉尔夫·瓦尔多·爱默生（Ralph Waldo Emerson）在他1884年的文章中曾写道：一个人的人生有点像拿在手中没有光芒的拉长石，直到转到一个独特的角度，才呈现出艳丽的色彩。

长石参数

矿物集合体构成不同的碱式硅酸盐。

斜长石系列：$CaAL_2Si_2O_8$—$NaAlSi_3O_8$

碱性长石系列：$KalSi_3O_8$ —$NaAlSi_3O_8$

晶体对称性：单斜晶系或三斜晶系

解理：两组完全解理，一组不完全解理

硬度：6~6.5

比重：2.55~2.76

折射率：1.518~1.588

特殊光学性质：晕彩效应

对页：直径为3.2厘米的抛光圆形拉长石和7.6厘米的长薄片拉长石，均产自加拿大。

性质

晕彩与颜色是长石类宝石的魅力所在，它们微透明且因解理发育而众所周知。“长石”这个词起源于其本身解理，它指的是晶石的分界，盎格鲁–撒克逊语中的晶石指的是容易劈开的矿物，如方解石、萤石和长石。

晕彩效应产生的原因是宝石内部薄层之间光的散射形成的，这些薄层每一层都是形成于地质冷却时期化学分层的原始长石单晶，薄层之间光的衍射导致出现了从红色至蓝色的纯正晕彩色（拉长石中称之为“拉长晕彩”或者“勒光游彩”）或者呈现从蓝白至黄白的明显的光谱色（如月光石）。蓝彩钠长石由晕彩所导致，其名字起源于希腊的佩里斯特拉，代表了一种小鸟颈部皮毛的颜色，称为“鸽子宝石”。日光石，也称砂金效应长石，反射出金色的亮光。

在大部分长石中，明显的共生物造成了长石的半透明或者不透明而不是晕彩，且很多长石通常没有明显的色调。月光石的颜色从无色至灰色或者黄色，透明度则从半透明至透亮。宝石级的正长石是透明的且颜色为黄色。

拉长石的重量为 2.09~3.01 克拉，产自美国俄勒冈州的克利尔莱克。

长宽高为 6 厘米的天河石的晶体，产自科罗拉多州的莱克乔治地区。另外三块为产自弗吉尼亚州阿米利亚考特豪斯的原始天河石，刻有花纹图案，重量为 18.0~29.9 克拉。

拉长石通常是灰色且不透明的，但罕见的透明晶体有时会被发现。天河石是一种有着艳绿色至蓝绿色的不透明长石。通透的长石会被打磨成椭圆的素面宝石，稀少透明的长石原料则常被收藏家切磨成刻面宝石。

历史

在苏丹、美索不达米亚和印度的珠宝业中，天河石（名字起源于亚马孙河）的这一名词被广泛地使用，一些名称甚至在公元前 3000

年就出现了。埃及《亡灵书》的第二十七章是刻在天河石之上的。一枚甲虫形护符和一个镶嵌天河石戒指出现在图坦卡蒙统治时期（公元前 1333—前 1323 年）的珠宝中。天河石很受希伯来人珍爱，人们一直以来都认同摩西胸甲前的第三块宝石是天河石。在哥伦布发现美洲大陆之前，美洲中部和南部的装饰品中包含天河石。

大约公元 100 年时，月光石出现在罗马人佩戴的首饰中，而亚洲人更早。

月光石也是新艺术主义珠宝商的最爱，并且卡地亚、蒂凡尼创作中屡次用到它。

1 000 年前，拉长石被缅因州的红漆人用来做装饰品。1770 年，在加拿大的拉布拉多，拉长石被摩拉维亚传教士发现并被冠以产地之名。

18 世纪晚期至 19 世纪，两座重要的日光石长石矿床在俄国被发现，因此俄国人的珠宝中大量使用了该宝石。当 1850 年挪威发现日光石矿床时，日光石在欧洲变得日益受欢迎。

长石族宝石

因为长石的多样性，以下括号中给出专业的矿物名称。

斜长石

拉长石：中等至鲜艳的晕彩色，透明的拉长石品种有黄色、橙色、红色、绿色。

日光石（奥长石）：以赤铁矿包体为主的金属闪光片。

蓝彩钠长石（钠长石）：蓝白晕彩（被误为是月光石）。

碱性长石

正长石：钾长石系列，由于铁替代了铝出现了从灰色到亮黄色的透明正长石。

天河石（微斜长石）：钾长石系列——不透明，黄绿色至绿蓝色，其颜色由微斜长石中所含钠和水杂质的天然辐照引起。

月光石（透长石）：钾长石系列——蓝白至白色晕彩。

传说

在古埃及，天河石是一种受欢迎的护身符，据老普林尼所说，亚述人认为天河石是他们最尊敬的主——柏罗斯（埃及的一个国王）的化身，且被使用在虔诚的宗教仪式上。

在印度，月光石是神圣的，且对恋人有特殊意义的：如果在月圆之夜，恋人们把月光石放入口中时，他们就可以预见未来。在欧洲，11 世纪的宝石匠宣称天河石可以促进恋人间的和解，吉罗拉莫・卡尔达诺（Girolamo Cardano，意大利数学家）于16世纪在书中写道：月光石可以驱散睡意。

产地

很多火成岩和变质岩的实质部分由长石构成，特殊地质条件下产出的干净且大颗粒晶体，导致了长石类宝石的多样性，尤其是在伟晶岩中和古老的深部地壳岩石。

天河石的重要产地有印度、巴西、加拿大的魁北克、马达加斯加、俄罗斯、南非、科罗拉多维吉尼亚等。上好的月光石产自斯里兰卡南部的岩脉，现在这些矿藏已枯竭。月光石发现于斯里兰卡的沙砾层中和缅甸抹谷的石道里。同时，印度金奈（马德拉斯）也出产微透明的低品质月光石，其颜色有浅黄色、红棕色、灰蓝色；其他的产地则有巴西、澳大利亚和马达加斯加。加拿大的安大略湖、魁北克和肯尼亚等地发现了上等品质的蓝彩钠长石。挪威和俄罗斯一直是日光石的产地，拉布拉多半岛和芬兰则是晕彩拉长石的主要产地。透明的可切磨成刻面宝石的拉长石发现于墨西哥、美国犹他州、俄勒冈州、加利福尼亚州和内华达州。

评估

月光石是长石类宝石中最具价值的。上好品质的月光石是半透明、无瑕的，且呈现明显的蓝色闪光。鲜艳的天河石是最珍贵的。质量优良的拉长石必须能呈现强的晕彩色。闪光石（虹彩拉长石）是芬兰材料行业使用的商业名。半透明的日光石呈现出柔和的浅红色，而橘黄色的品种最珍贵。市场上流行的一种日光石的仿制品叫作金星石，是玻璃种嵌以细小钢片制成的。（韦金玉　译）

易与长石相混淆的宝石
月光石：石英、玉髓、欧泊
天河石：翡翠、绿松石
拉长石：欧泊

平均 2 厘米高的 4 颗同种凹刻月光石，出自雕刻师奥塔维奥·内格里（Ottavio Negri）之手，这些月光石产自斯里兰卡，中间那颗放大后可看清雕刻的每个细节，约 1910 年。

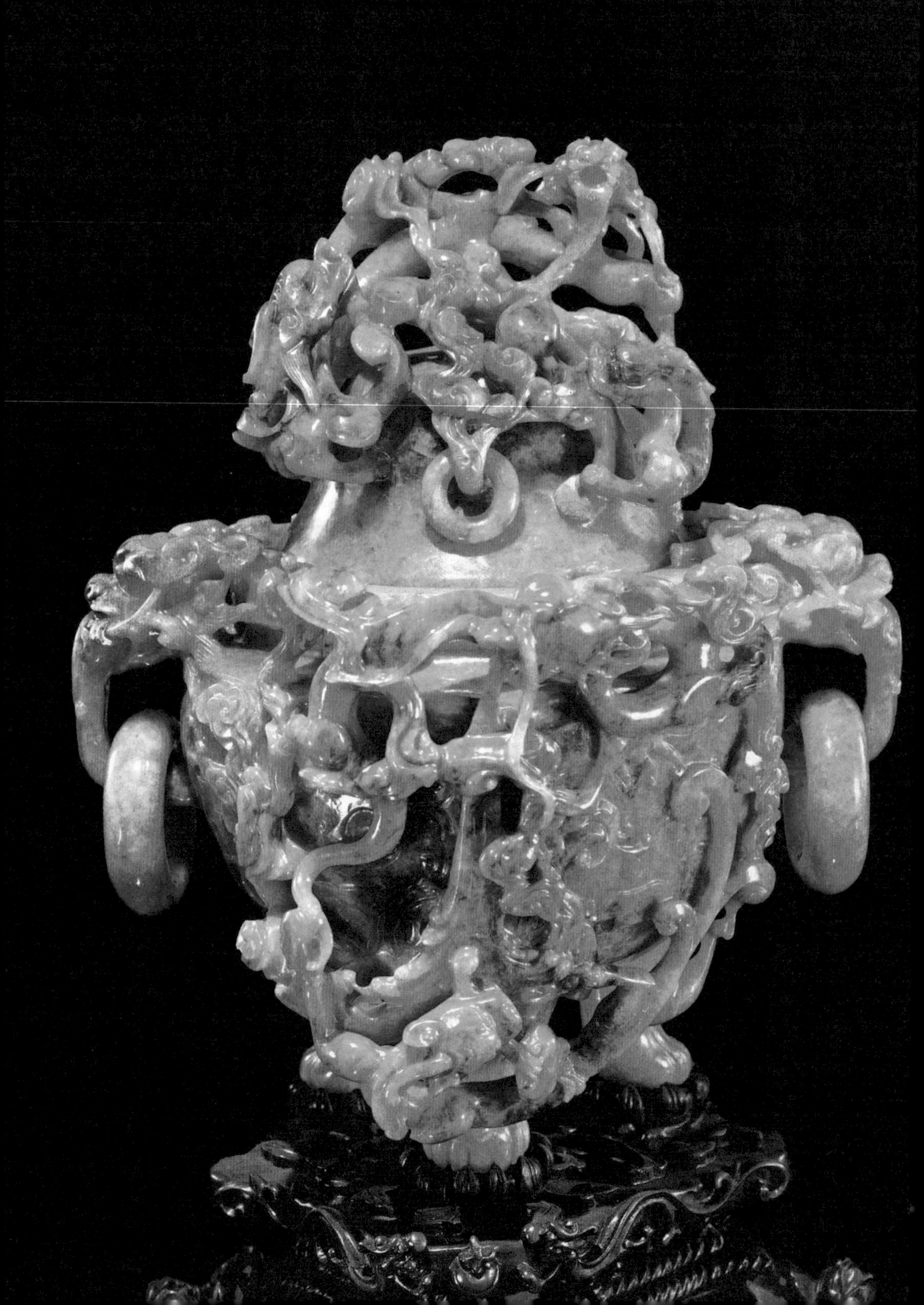

玉

JADE

对装饰类石材，特别是中国的都被称为“玉”，这实际上是用词不当的说法。在16世纪，西班牙征服者在中美洲发现了一种戴在身上作为护身符的石头，可以来治疗腹痛和类似的疾病。西班牙人称之为“Piedra de la yjada”，意思是“腰部的石头”，他们将一些好的样品带回欧洲。在将它的西班牙语翻译为法语的过程中被误写为“Pierre le jade”。17世纪，殖民地的宝石资源已匮乏，欧洲人渐渐遗忘了这种宝石材料，但是没有忘记它们的名字，因此他们把这个名字用到无数来自中国的雕刻品上。1780年，地质学家A.G.沃纳(A.G.Werner)摒弃了拉丁语名字，对中国传统的雕刻材料进行描述，并重新定义其为“软玉”（nephrite）。1863，法国化学家奥古斯丁·德穆尔（Augustine Damour）对一种来自中国的比较坚硬的雕刻品进行化学分析发现它并不是软玉。他把这种材料的玉称为“硬玉”（jadeite）。另据了解，和田玉原石来自中国，而硬玉是来自缅甸北部。在1881年，德穆尔发现缅甸硬玉和原中美洲的材料在矿物学上相同。不过，玉一词可同时指代硬玉和软玉。然而，使问题更复杂的是，其他形态相似或在古代文化中用相似方式使用的石头也同样被简单地称为“玉石”。这也是关于这一最重要的饰石的困惑。

玉石参数

无论是软玉还是硬玉，其本质上都是一种单矿物岩，软玉中的透闪石及翡翠中的硬玉。对于岩石，晶体对称性和解理是没有意义的。

透闪石玉（软玉）	硬玉
组成：钙镁硅酸盐	**组成**：钠铝硅酸盐
化学成分：$Ca_2(Mg, Fe(OH)_2)_5Si_8O_{22}$	**化学成分**：$NaAlSi_2O_6$
硬度：6	**硬度**：6.5~7
比重：2.9~3.1	**比重**：3.1~3.5
折射率：1.62（平均）	**折射率**：1.66（平均）

对页：硬玉香炉，高28厘米，出自清乾隆年间，祭坛套组的一部分；缅甸翡翠。

性质

硬玉和软玉共有的最好属性即特有的耐久性，软玉是已知最坚韧的物质之一。二者都不怕锤击打——这是一种简单方便的鉴定办法（但不建议用于艺术品或文物的鉴定）。这种特性意味着玉能被雕刻成十分精美且图案繁复的造型，而发生碎裂的风险很小。

软玉特殊的韧性因为其牢固的（毛毡状结构）显微纤维交织结构。而硬玉能形成更大的柱状或交织晶体，产生牢固的交织网络结构。这两种材料都能进行精细的抛光，虽然软玉的抛光表面往往有很多小凹陷，像橘子皮一样。

软玉和硬玉的颜色和图案都有许多种类。脉状、块状、带状和变形可以产生颜色的变化和对比。个别颜色是由于岩石中主要成分矿物或杂质矿物在的元素替代。软玉和硬玉砾石（尤其是绿色的品种）会由于铁离子的氧化作用或风化产生的铁锈渗入形成棕红色——赭石色的皮色。

玉的颜色及其成因

软玉

白：基本上是纯的透闪石，含有微量的铁元素，也就是所谓“羊脂白玉”。

深绿色：“菠菜绿玉石”（墨玉）来自西伯利亚的石墨鳞片形成的斑点。

奶棕色（糖色）：这种颜色的石头有时被称为“墓葬玉”，曾经人们将这种颜色成因归因于石灰杂质的热作用，但后来研究表明它是由封闭在石棺之中的干尸内的液体与玉反应的结果。

硬玉

白色：纯净的硬玉。（成分单一）

蓝绿色：铁元素。

鲜硬玉绿色：铬元素；最好的帝王玉或翡翠是半透明的品种。

紫色：锰元素，不含铁。

深蓝绿色：绿辉石中的铁元素（富含钙铁辉石硬玉——$CaNa(Mg, Fe)AlSi_4O_{12}$）和锥辉石；曾经被称为暗绿玉，现在不作为矿物术语使用，而称之为绿辉石玉（油青种）。

深绿色：由于矿产钠铬辉石，有大量 $NaCrSi_2O_6$；这种品种称为干青种。

来自缅甸的翡翠戒面（9 颗小的），大的两块来自危地马拉，重 6.38~28.34 克拉，放置于一块来自缅甸重约 20 千克的巨砾上。

历史

这两种玉一开始都是被制作成实用的工具。最初人们关注它们的韧性。对于凯尔特人来说，玉是制作斧子、刀具或者是棍棒的材料。它能被加工打磨成边缘薄而坚韧的锋利斧头。随着文化的发展，玉因其美丽而珍贵。不论其材质或名称到底如何，“玉”都可以和世界级宝石相媲美了。

玉在中国有着源远流长的历史和文化，软玉是最其中主要的玉品种。根据民间传说，早在5 000多年前，黄帝就拥有玉制兵器，并向官员授予玉片以赋予其象征官职和权力的含义。事实上，中国的玉的象征来源于统治者的象征。最著名的玉器手工艺品是来自良渚文化（前3300—前2250年）和红山文化时期（公元前4700—前2900年）。到了公元前3世纪，春秋战国时期，雕刻技艺已臻成熟，在乾隆年间，雕刻技艺达到最高水平。

玉几乎渗透到了中国人生活的方方面面，比如：工具，货币，以及嘉奖帝王将相、使者和战争英雄。一些最早的大事件记录是刻在玉片上的。奠酒器皿、香炉和婚碗也是用软玉材料雕刻而成；它还是无数个人饰品的材料，包括珠子和作为护身符的、刻有诗的吊坠。

对于中国人，玉除了赏心悦目，还有悦耳的声音和温润的触感。用玉雕刻成的乐器是自古以来的礼制的组成部分之一。直到19世纪末出现了用玉石制作的圆形的、精心打磨的袖扣。

硬玉最早的使用记录是日本的绳纹文化（约公元前10500—前300年）。第二批发展硬玉文化的是中美洲的奥尔梅克人、玛雅人、托尔特克人、米斯特克人，萨波特克人和阿兹特克人。对和墨西哥硬玉工艺品一起出土

来自中国的一件玉雕艺术品，约在19世纪用一块缅甸的翡翠雕成，高约28厘米（不含底座）。

Kunx AX，奥尔梅克风格的硬玉雕体（公元前1200—前400年），墨西哥瓦哈卡；高27.9厘米、重7千克。

的木片进行碳–14年代测量法的测量得出该硬玉文物为大约在公元前1500年的奥尔梅克人使用过的物品。硬玉通常被雕刻成美洲虎和装饰品为举行仪式之用。在墓中发现了大量玉器，包括耳塞、皇冠、项链、吊坠、手链、面具和太阳神的雕像。西班牙殖民者彻底摧毁了美洲雕刻艺术品，在征服这里以后，这些玉器逐渐被人们所遗忘。

新西兰的毛利人开始使用软玉的时间大约为公元1000年，他们先将其制作为工具和武器，后来用作护身符和装饰品。

传说

自中国有历史记录以来，人们就十分尊崇软玉。从新石器时代到起，人们就用玉雕刻的璧（中心有孔的圆盘）来祭上天。

据1596年的古书记载，人们在喝了一种由玉、大米和露水组成的混合物后，可以增肌健骨，平静内心，活血化瘀，耐寒热饥旱。

玉在丧葬文化中同样具有十分重要的作用。最具代表性的便是覆盖在窦绾皇后身上的由 2 156 块玉片用金线精心制作缝制在一起的金缕玉衣（公元前 2 世纪）。放置在死者嘴中由玉石雕刻成的护身符（口含），被放置在死者身体不同部位、衣服中的护身符、象征身份的玉佩和死者生前最喜欢的艺术品。这些“古墓葬玉器”被用来祭祀神灵，但人们也认为坚固耐用的石头可以保护身体不腐烂。

墨西哥和中美洲的前哥伦布文明中，玉同样被认为可以避邪。在一个已逝的贵族嘴里放一块玉被认为是来世的心。玉石粉末和香草混合，可以治疗头骨破裂、各种发烧症状，甚至有起死回生的功效。新西兰的毛利人也认为玉具有强大的辟邪力量。典型的是黑提基吊坠，由玉雕刻成人的面部或形状，并且代代只传给男性继承人。

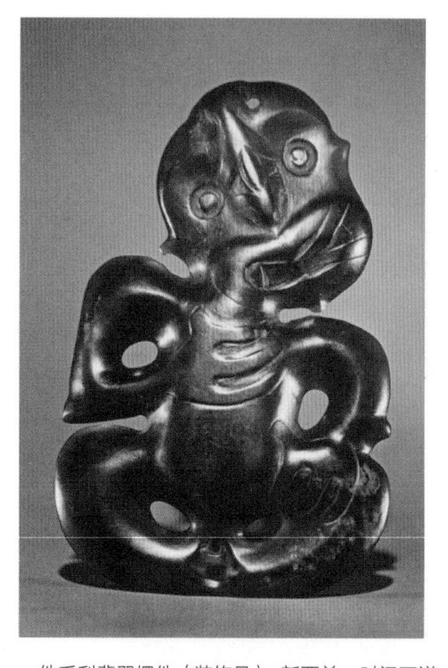

一件毛利翡翠摆件（装饰品），新西兰，时间不详。

产地

软玉是蛇纹岩与其相邻的岩石，如花岗岩、流体，或者是由花岗岩和含白云石（镁）的大理石之间化学作用产生的变质岩。

硬玉是由被大洋地壳俯冲地幔板块的地壳运动挤压出的流体形成。硬玉（硬玉岩）是非常罕见的，因为它的形成也需要隆起深处岩石（高压下）的特殊条件。硬玉的耐久性决定了它们以水蚀卵石和大块砾石的形态出现，尤其是在矿区最初发现的原石。

加拿大英属哥伦比亚省一直是世界上软玉的主要产地，鉴于开采对于环境的恶劣影响，哥伦比亚省已经停止了对软玉资源的开采。这里有灰绿色到翠绿色的软玉，大多是沿着弗雷泽河出产的。中国进口了大部分哥伦比亚省的软玉。产自西萨彦岭矿床，东临伊尔库次克、南近贝加尔湖的软玉在近几年也出现在市场上。

美国阿拉斯加州、加利福尼亚州和怀俄明州也有软玉资源。位于阿拉斯加州的玉山在 1886 年被探查出有丰富的软玉资源，但地处偏远和极寒的环境条件限制了人们开采。怀俄明州中南部有西半球品质最好的软玉，但其资源已经严重枯竭。

在新西兰，软玉是在南岛被发现的。霍基蒂卡镇是新西兰玉石中心。

中国的新疆自商代时期（约公元前 1600 年）起就一直是中国软玉的主要产地。几千年来，和田一直是出产软玉的中心城市，邻近延伸近 2 000 公里到塔里木盆地边缘的昆仑-阿尔泰山脉都有丰富的资源。

这里的软玉主要以白色或接近黑色为主。中国古代绿色的软玉是产自天山山脉的玛纳斯。软玉的其他产地还有澳大利亚、波兰和印度。

玉璧，长 31 厘米，在明代（1368—1644）玉璧是天堂的象征并且是最重要的祭祀玉器之一。在墓葬中，它被放在死者的身下。

缅甸的主要经济来源之一就是翡翠交易，并且缅甸是帝王玉的唯一重要产地。可能也是最古老的产地之一，因为在曼谷地区发现了史前翡翠制的工具——可能是用从乌鲁河和其他河流流过来的卵石和砾石制成。翡翠原矿直到19世纪70年代才被发现，矿山大多是合资企业，但克钦族人与政府之间持续的敌对使该地区很不安全（2014年左右）。缅甸官方对缅甸珠宝市场统计估计2014年该国珠宝的出口额在数十亿美元，翡翠占据了其中绝大部分。

俄罗斯拥有两个翡翠产区，哈萨克斯坦拥有一个翡翠产区，但这些产区开采难度大且质量无法与缅甸翡翠相提并论。加利福尼亚的圣贝尼托县和日本的三个地方也发现了翡翠。最近发现，从约公元470年到欧洲殖民者入侵前的这段时间，古巴和多米尼加共和国一直向东加勒比人提供玉石。

评估

不同质量的玉在价格上相差非常大。颜色和透明度是评估软玉和硬玉时的主要考虑因素。大部分开采出的硬玉只是被用来制造浴室瓷砖的级别。

最稀有和最有价值的硬玉是色彩纯正、均匀、透亮的翠绿色。当翠绿色具有最大透明度并且非常圆润、质地均匀时被称之为帝王玉或者翡翠，价格非常昂贵。价格稍低一等的颜色是淡紫色，如果颜色是纯正、均匀的，即使是不透明的，也有很高的价值。

有时白色硬玉被染成绿色或紫色。染料不总是永久性的，而且绿

对页：在欧洲发现了目前为止世界上最大的软玉，重2 144千克（4 727磅），其中一面已经被蒂凡尼公司进行了抛光处理。乔治·昆兹在1899年到俄国的途中，听说在西里西亚的Jordansm ü hl（现在波兰的约尔达努夫奥德拉地区）有软玉。他六点来到采石场和采石场主人一起吃早饭，主人给他提供车和工人。昆兹发现了软玉，采石场主人将这块原石赠送给了他，这是他作为发现者的奖赏。

色经常褪色。半透明的硬玉被树脂浸渍以提升其透明度，被称为“翡翠B货”（B级）。

作为宝石，硬玉的价格上涨程度高于软玉；然而，天然的白色（羊脂白玉）在中国受到高度重视（具有很高的价值）。设计、雕刻工艺和年代是评估时的主要考虑因素。（刘凯超　译）

玉的仿制品以及它们的商业名称

玉的仿制品常见有硬玉三层石、玻璃、塑料，市场上还有许多替代品，容易与玉混淆。蛇纹石可能是最常见的替代品。

蛇纹石（蛇纹石玉）：发育不成熟的玉

天河石：亚马孙和科罗拉多玉

绿色钙铝榴石品种：德兰士瓦或葡萄玉

东陵玉：印度玉

符山石和钙铝榴石的混合物：美国玉或符山石

鸡血石：福建、东北，或湖南玉

绿碧玉：瑞士或俄勒冈玉

绿色的染色方解石：墨玉

绿玉髓：澳大利亚玉

蛇纹石花瓶，石料来自蒙古，在中国雕刻，高 16.7 厘米。蛇纹石经常被误认为是玉。

石英

Quartz

石英是一种常见的矿物，其晶体透明、晶形完好，很容易识别。它有许多颜色品种 —— 紫晶、黄晶、芙蓉石等 —— 而无色水晶就是人们通常所说的“水晶”。石英晶体形似六方晶系的形态与其对称性以及如水一般的透明度吸引着人们的眼球。毫无疑问，这种天然宝石在人类历史长河的许多文明中都具有重要意义。石英晶体是人们最早认定的护身符之一。最先流行的形状是珠子和印章，而具有神秘色彩的“魔法球”实质上就是无色水晶。不论是晶体还是抛光后的形态，石英都能在史前洞穴或者最现代的收藏家的陈列室内被找到。新时代人们对于超自然现象的认知受到古代传统看法的影响。

石英参数

二氧化硅：SiO_2

晶体对称性：三方晶系

解理：无

硬度：7

比重：2.65

折射率：1.544~1.554（中等）

色散：低

对页：这件石英晶体高 13.5 厘米，产于美国亚利桑那州的麦克埃尔（McEarl）矿区。

一颗有轮状色带的紫晶，重 41.17 克拉，产自巴西。它显示了石英的三方对称性。

性质

不同颜色、大而干净的晶体供应充足且价格适中，这使得石英能作为一种宝石品种；遗憾的是，它的亮度和火彩均较低。石英是一种相当洁净的矿物，但它的颜色又得益于它的内部内含物，尽管只需要很少的量——比 1 000 个硅原子中含有 1 个杂质原子的概率还要小。另外，自然或人工辐照是使紫晶和烟晶变成黑色石英的必要手段。许多烟晶是无色透明水晶经过人工辐照后得到的。类似的，大自然中较为稀有的黄晶在市场上也通常是辐照天然紫晶后得到的。

石英拥有十分坚固的晶体结构，因此石英晶体坚硬而无解理——即为耐久性好的矿物。它同样也是日常生活中灰尘的成分之一，它会使宝石变得粗糙，是所有宝石的敌人，这也是石英被认为是质软和质硬的宝石区分界限的原因。

石英的内含物能使一些独特的品种产生条带状等反射或颜色。在金红石发晶、石英猫眼及有其他内含物的发晶中，人们可见纤维状内含物。在鹰睛石中，与石英交互生长的蓝石棉充填在石英的裂隙中形成管状，可产生蓝色。如果石棉纤维表面氧化（由于水的渗透），产生的氧化铁就会形成虎睛石的棕色。一些小微粒、裂隙和流体是使砂金石英、虹彩水晶和乳白水晶产生特殊光学效应的原因。

石英晶体通常是拉长状形似六方晶系的柱状晶体，并有“六方单锥”覆盖在柱状晶体两端。但石英晶体实际上只有三方对称性——三方晶系。证明这个事实的依据是：在一些紫晶亭部能观察到三轮叶片状色带（如右上图所示）。

石英和碧玺一样，其晶体结构缺少对称中心，这导致了石英晶体具有压电性。当压力施加在两侧柱面上时，晶体会在垂直应力的两侧表面上产生等量相反电荷，若此时撤除压力则会使现象反转。这个性质在电子行业有很重要的应用，但没有足够的科学证据表明人们能直接在石英中检测到电子振动。

不同的石英品种，包括水晶、烟晶、黄晶、紫晶、芙蓉石和绿水晶。重量为13.16~489.85克拉。这些宝石来自于不同的产地。

石英的宝石品种、颜色和颜色成因
水晶：无色透明 **紫晶**：紫色——铁离子比铝离子多或者辐照产生 **黄晶**：黄色至琥珀色——铁离子致色 **墨晶**：黑色——铝离子比铁离子多 + 辐照产生 **烟晶**：烟灰色至棕色——铝离子 + 铁离子和辐照产生 **芙蓉石**：半透明的粉红色——内部有类似蓝线石的纤维状包体 **绿水晶**：绿色——铁离子 + 热处理

历史

石英（quartz）这个词来源于斯拉夫语的“kwardy”一词，有“坚硬”的意思。拉丁语中“quarzum”最早是于16世纪由德国学者格奥尔格·阿格里科拉（Georgius Agricola，近代矿物学之父）提出的，他首次对矿物进行了科学系统的分类。由此这个用法被伯明翰希姆斯塔尔（Joachimsthal）地区（现在是捷克共和国的雅克摩夫）的某位矿主沿用。

目前已在法国、瑞士和西班牙发现公元前75000年原始人类使用的石英物件的遗迹。公元前4000年，中东地区出现圆柱状石英印章。在公元前3100年，古埃及人将石英作为一种护身符以及装饰性宝石。因为石英无瑕的透明度，古希腊人和古罗马人将这种宝石广泛使用。古希腊人认为这种宝石是上帝使水冻结后留下的永恒的白冰；通常所说的水晶（crystal），来源于希腊语“krystallos”，意思是“冰”。

在中世纪和欧洲文艺复兴时期，石英被用来雕刻成器皿提供给贵族和教会使用；日本人和中国人雕刻这种材料的历史也已达数百年之久；而身处地球另一边的玛雅人、前阿兹特克人、阿兹特克人和印加人同样如此。

紫晶在公元前 25000 年的法国地区就被用为装饰性宝石，并且在欧洲不同地区已经发现新石器时期人类使用的石英物件的遗迹。

1727 年，巴西紫晶出现在欧洲市场上，当时它风靡一时且价格高昂。紫晶在 18 世纪的法国和英国也十分流行。一条紫晶项链曾以相当高的价格被买下，献给英王乔治三世的妻子夏洛特王后。但不久以后，来自乌拉尔山脉矿区（于 1799 年被发现）和巴西的紫晶开采增加了紫晶的供给量，紫晶价格也随之下跌。

在公元前 3100 年前的古埃及，珠子、护身符和印章也是用这种宝石材料制成的。

石英在古希腊和古罗马社会中价格也十分高昂。紫晶还是以色列大主教胸甲上的第九粒石头。十粒刻有以色列部落名字的石头之一也是紫晶材质。

幼发拉底河流域的苏美尔人以及公元前 3100 年的古埃及人都曾使用过烟晶。从古罗马时期遗留下的烟晶制成的珠子也很常见。这种宝石在纳瓦霍人（美国最大的印第安部落）以及美国原住民当中十分流行。人们将来自苏格兰一座名为 Cairngorms 的山脉的烟晶称为 cairngorm（烟晶），这些石头常被用来镶嵌在女士胸针和匕首的手柄之上。

生长于乳白石英上的 4 厘米长权杖形紫晶，产自美国罗德岛州霍普金顿。

重 163.50 克拉和 88.20 克拉的紫晶，都产自俄罗斯的乌拉尔山脉。

7.5 厘米宽的紫晶晶簇，产自加拿大安大略省桑德湾。

芙蓉石因其独特的粉红至玫瑰红色而命名，最早在公元前 800—前 600 年被美索不达米亚地区奴隶制国家的亚述人使用，之后古罗马人也开始使用这种宝石，但总体来说芙蓉石在过去的珠宝行业里并不是那么流行。如今，芙蓉石被广泛加工成串珠项链、小件雕刻品以及弧面型宝石。

一件来自玻利维亚苏亚雷斯港（puerto suarez）地区，重 45.71 克拉的紫黄晶，一件镶有钻石的紫晶胸针。紫黄晶是紫晶和黄晶的双色组合。该紫黄晶于 1977 年被发现。

在公元前 330—前 323 年的古希腊，黄晶被认定为宝石品种，并且在公元 1—2 世纪的希腊和罗马较流行用于凹雕和加工成戒指上的弧面形宝石。如今，黄晶还继续被用作宝石品种，但是它还从未像紫晶鼎盛时期那样流行过。黄晶的英文名“citrine”，来源于法语“citron”，意思是“柠檬”，其暗示了黄晶如柠檬般的颜色。16 世纪时，德国历史学家和矿物学家阿格里科拉（Agricola）首次将该名词用于描述这种颜色的石英品种。

传说

希腊人相信紫晶能防止人们迷醉（希腊语中“amethstos”的意思是“不醉的”）。传说紫晶还能够平息人们的怒火、缓解过度激情。在 16 世纪，一位法国诗人写过一篇关于希腊酒神巴克科斯的神话。巴克科斯为了报复曾经受到过的侮辱，声称会让他的老虎吞下他第一个见到的人。而这个他第一个见到的人，是一个女孩，她正在去往朝圣戴安娜女神圣地的路上，当老虎跳出来时，戴安娜女神将她变成了一座紫水晶雕像。后来酒神巴克科斯为了表示忏悔，将葡萄汁作为奠酒倾倒在石头之上，因而使晶体具有了美丽的紫色。

来自俄罗斯 19 世纪的石英雕件，高 13.2 厘米。

希腊神话中的大力神阿特拉斯将整个世界托起的石英制雕塑，高达 12 厘米。这件雕塑品的原材料是产于乌拉尔山脉的晶体，19 世纪雕刻于俄罗斯。

在中世纪的欧洲，紫晶被作为战场中保护士兵的护身符。另外，根据一位 16 世纪宝石方面的权威专家卡米拉斯・莱昂纳杜斯的说法，紫晶能使人在生意场上变得更加精明。

石英拥有吸引全世界目光的魅力。日本人也曾将它认定为“最完美的宝石”：纯洁的象征，无限的空间、耐心和坚持。在北美和缅甸的部分地区，石英被认为是有生命的存在。美洲原住民彻罗基族人不仅将它作为捕猎时的护身符，还定期用鹿血来“喂养”宝石；缅甸人也用类似的方法来养护石英。

产地

石英在许多环境下都能产出，但宝石级的石英通常需要岩石当中有开放性结构，如岩脉、空腔和囊洞等，以获得完美且大小适宜的石英。晶体规则排列分布的囊洞（即晶洞）是石英常见的来源。含有石英和充足的放射性矿物的伟晶岩能够产出紫晶和烟晶。

一件芙蓉石雕刻的福狗，来自中国，高 15 厘米。

宝石级的石英有许多商业产地。巴西是所有颜色品种的石英的主要产地。美国温泉区附近的阿肯色州是美国重要的石英产地。产量最多的紫晶产地为巴西和乌拉圭，在巴拉那河玄武岩中有许多高达数米的晶洞。紫晶同时在加拿大、俄罗斯、赞比亚和美国亚利桑那州、北卡罗来纳州、佐治亚州等地也有发现。天然黄晶的主要商业来源是巴西的米纳斯吉拉斯州、戈亚斯州、圣灵州、巴伊亚和乌拉圭。

评估

在众多石英品种中，紫晶是价格最为昂贵的品种——拥有浓郁而均匀的紫色最佳，任何瑕疵都会很大程度地降低紫晶的价格。人们常将紫晶与紫色的蓝宝石或尖晶石混淆。合成蓝宝石或玻璃可作为紫晶的仿制品。如今，俄罗斯已经能够批量生

神奇的石英

这幅插图描绘了古老苏格兰一粒名为“Ardvoloch”的水晶，宽 2.5 厘米，镶银。该图来自 1872 年詹姆斯・Y. 辛普森（James Y.Simpson）发表的考古学文章。

十字军从近东地区带回的水晶球被认为拥有神奇的力量。直到 18 世纪后期，在爱尔兰和苏格兰地区，金属镶嵌的迷人水晶球被认为可以用来治愈疾病，并且能预防牛的疾病等。在现代社会，由于人们相信水晶有治愈的能力，使得水晶更加流行。

产合成紫晶。

净度是评价石英的一个因素。除非有严重瑕疵，石英的价格较为适中。赫尔基蒙钻（闪灵钻）、阿肯色钻、亚利桑那钻、开普梅钻、阿拉斯加钻和康沃尔钻等都是对水晶的错误称呼。合成水晶更多用于工业上而非珠宝行业。加工不好或者有杂质覆盖的石英晶体在抛光后作为天然晶体销售，这个做法会让人产生误解：石英是天然的，但其晶面不是。

对于芙蓉石，颜色越深透明度越高，价格越高。当具有星光效应的芙蓉石被切割成弧面形时，其星线的强度和锐利程度是决定价值高低的关键。

（林伊旋　译）

石英中的内含物

乳白石英：白色——流体，主要为水

日光石：绿色和砖红色——铬云母和赤铁矿片

金红石发晶：金色反射色——金红色针包体

彩虹水晶：彩虹效应——许多小缝隙

发晶：针状包体的网状图案——金红石、黑云母、阳起石或绿帘石

石英猫眼：在一些颜色品种中有猫眼效应——纤维状金红石包体

虎睛石：棕色猫眼效应——石棉纤维上的棕色氧化铁

鹰睛石：蓝色猫眼效应——蓝色石棉纤维

玉髓和碧玉

CHALCEDONY & JASPER

人类先祖对这种宝石有着高度评价，现在的宝石业余爱好者也是。这种宝石的魅力在于它们有成百上千种颜色的变幻。玉髓和碧玉都是由亚微观的石英颗粒组成——从而产生了各种各样的石英质宝石——并且它们的颜色和图案十分丰富，包含有微小的致色矿物颗粒。玉髓不同于碧玉之处在于它的微小的晶体是平行纤维状的而不是糖粒一样的小颗粒。尽管典型的玉髓有条带并且透明，但是要区分它们仍然需要一台显微镜。把这些宝石的所有品种一一罗列出来，就连语言学家也会气馁，更不必说矿物学家。本章只讨论最重要、最为大家所知的玉髓和碧玉品种。

对页：红玉髓花瓶，来自中国，长10.5厘米。

性质

石英类宝石的性质亦是玉髓和碧玉的宝石学性质——硬度和耐久性很好，由于是微粒集合体，所以晶体的定向性质，例如对称性，是肉眼不可见的。

在玉髓的内部，微小的纤维状石英堆积成似天鹅绒般的层。在 20 世纪 90 年代，人们发现在一些玉髓中，部分二氧化硅其实是另一种不同的矿物——斜硅石，晶体对称性更高但是与石英的确很相似。矿物颗粒一层层地堆积，经常会形成条纹状的外观，这种现象在玉髓里广为人所知的玛瑙中可以见到。然而石英的纤维状结构也影响了宝石本身的韧性。这些矿物堆积形成的层可以呈现透明到不透明，灰色到白色（当它们不含杂质时），甚至是任何颜色（当它们被适当的杂质着色时）。除此之外，玉髓的多孔性也会使这种宝石容易被染色。缟玛瑙——一种颜色黑白相间的品种——天然产量很稀少，但是商业上通过将颜色暗淡的玛瑙浸泡在糖溶液中，再用硫酸对糖进行碳化处理，就可以把这种宝石染成黑白相间的颜色。

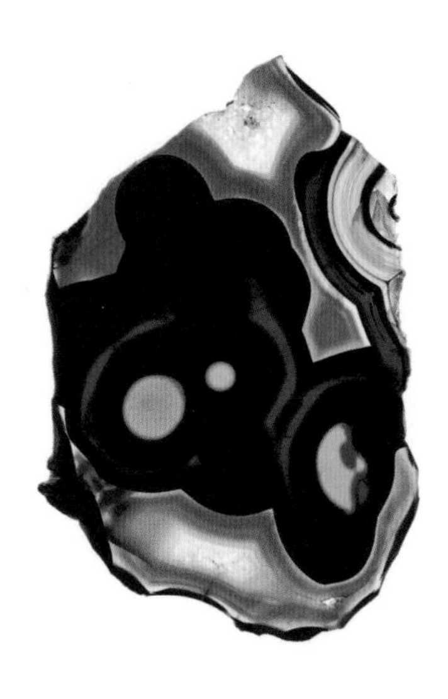

一个抛光的玛瑙厚片，产地未知，最长处有 18 厘米。

一件玛瑙浮雕作品，可能来自乌拉圭，长 4.7 厘米。

这是一个缟玛瑙的时钟表面，德国的浮雕样式，雕刻着女性人物，直径11.5厘米。

碧玉的粒状结构使它很坚硬，通常比玉髓透明度差，碧玉也没有条纹状的外观。通常由铁的氧化物致色形成红色至赭色，但碧玉还可以形成很多其他的颜色。一些宝石材料是玉髓和碧玉两种结构的混合体，这两种结构并排形成毫米到厘米大小的斑点。血石和绿玉髓就可以呈现一种或两种结构。

层状结构的玛瑙，特别是缟玛瑙和缠丝玛瑙，是凹雕和浮雕工艺里很受欢迎的材料。浮雕的宝石通常将白色的层凸出，将有颜色的层作为背景衬底。在凹雕中，通过雕刻深色层来凸显浅色层的图案，或者相反。

玉髓的种类

玛瑙：带有平行至同心条带，透明到不透明。

牛眼玛瑙：同心圆状环带。

虹彩玛瑙或火玛瑙：铁氧化物和玉髓薄层交替生长形成彩虹色。

缟玛瑙：黑色和白色相间的条带——通常被误认为是全黑的。

缠丝玛瑙：棕色至赭色和白色相间的条带。

鸡血石：含有红色赤铁矿或碧玉斑点的深绿色玉髓。

红玉髓：半透明，红棕色至砖红色，由赤铁矿致色。

绿玉髓：半透明，苹果绿色，由含镍的蛇纹石致色。

蓝玉髓：蓝绿色，由显微粒状的硅孔雀石（一种含铜硅酸盐）或其他绿色含铜矿物致色。

苔纹玛瑙：半透明，浅色的基底上有黑棕色或绿色的苔藓状至支脉状（树枝状）的包裹体，通常是黑色氧化物。“摩哈石”属于苔纹玛瑙，来自也门摩哈附近。

深绿玛瑙：不透明，韭菜绿至深绿色，由各种绿色硅酸盐矿物致色。

葱绿玉髓：半透明，韭菜绿色，由绿泥石包裹体致色。

肉红玉髓：半透明，浅至栗棕色，由铁氧化物和氢氧化物致色。

苔纹玛瑙，来自印度，最大的直径为 7.5 厘米。

各种各样的碧玉、玉髓和其他装饰石。包括一个鸡血石（绿色和红色圆柱）；带有条带的棕色，白色和粉色弧面型碧玉；红玉髓吊坠，高 6 厘米；刻面型蓝玉髓；黑曜石碗；缟玛瑙凹雕雕件；弧面型方钠石，葡萄石，绿松石和圆形硬玉。

历史

玉髓（chalcedony）这个词可能起源于古希腊港口卡尔西登（chalcedon）。绿玉髓（chrysoprase）和葱绿玉髓（prase）来自希腊语“chrysos”和“prase”，意思是“金黄”和“韭菜”。

红玉髓（carnelian）来自拉丁语“cornum”，意思是“山茱萸果”或“欧亚山茱萸浆果”。鸡血石（bloodstone）来自希腊语“helio”和“trepein”，意思分别是“太阳”和“旋转”。碧玉（jasper）来自希腊语“iaspis”，起源于东方，但是不知道含义。

肉红玉髓（sard）来自于希腊语“sardis”，是小亚细亚的吕底亚首都的名字。依据奥泰弗拉斯托斯的描述，玛瑙（agate）是以西西里岛一处主要的宝石矿区阿卡提斯河（迪里洛河）来命名的。深绿玉髓（plasma）是在使用中派生出来的名字，来自希腊语，意思是“模仿的”或“仿制的”。

最古老的碧玉装饰品可以追溯到旧石器时代。在法国，玛瑙和石器时代人的遗骸（公元前20000—前16000年）同时被发现，并且早在公元前3000年，古埃及人就已经在使用玛瑙、红玉髓和绿玉髓当装饰品了。在哈拉雷（Hrappa）这个印度文明最古老的中心之一，人们发现了华丽的玛瑙和碧玉首饰。迈锡尼人（公元前1450—前1100年）和亚述人（公元前1400—前1600年）喜欢把肉红玉髓当作装饰佩戴。罗马宝石雕刻师最喜欢的宝石也是红玉髓和肉红玉髓。穆斯林也是推崇红玉髓印章的，据说先知穆罕默德曾经佩戴

带有流苏的伊斯兰式红玉髓项链；中国的腰带扣，长6厘米；17世纪梅罗纹加王朝时期的项链，长28厘米，在法国苏瓦松附近发现；印第安人手链。

过。在大约公元前 400 年，希腊人才把葱绿玉髓当作宝石来使用。而在印度，大约相同的时期，也有了玛瑙矿区的开采记录，尽管这种宝石可能更早就已经被使用了。

在罗马时期，德国小镇伊达尔（Idar）和奥伯施泰因（Oberstein）是玛瑙、碧玉和其他宝石的来源，在 15 世纪，玛瑙产业在此建立。19 世纪初以前，这里一直都很繁荣，但是当这座宝石矿被开采殆尽时，很多优秀的矿工和宝石匠人去了其他地方。在 1827 年，德国殖民者在巴西和乌拉圭发现了丰富的玉髓矿；1834 年，巴西玛瑙开始出口到德国。尽管伊达尔和奥伯施泰因不再是宝石的主要产地，但它现在却以宝石加工工艺的高品质和艺术性而闻名。现在，它从近 100 个国家进口原石，雇用了 500 多名宝石抛光师和大量的宝石雕刻师，许多珠宝商也汇聚于此。

传说

作为古老的宝石，玉髓和碧玉有着悠久的传说。鸡血石可以保佑佩戴者身体健康，还能防止上当受骗（据达米克罗恩[Damigeron]，公元 1 世纪）。肉红玉髓可以治疗枪伤（依据埃彼法尼[Epiphanius]，14 世纪塞浦路斯，赛拉米斯的主教）并且可以保护佩戴者免受咒语和巫术的伤害（依据玛博德[Marbode]，11 世纪）。绿玉髓可以加强视力，减轻内心的痛苦（11 世纪，拜占庭的手稿中记载）。红玉髓可以在战争中赋予人勇气（依据伊博拜塔[Ibnal-baitar]，13 世纪的植物学家），帮助胆小羞怯的演讲者变得勇敢雄辩。

可能当中最有趣的功效是沃尔玛（Volmar）在 13 世纪的一书中记载的：一个被判处死刑的小偷，如果他把绿玉髓放到嘴里，他就可能马上从行刑者手里逃脱。

产地

从地质学角度来看，玉髓和碧玉的形成是很容易的，火山岩常有空洞和裂缝，低温富硅的溶液流淌经过这些空洞、裂隙，沉积后形成岩石。玉髓产地在世界各地分布广泛。在巴西、乌拉圭和印度，各类玉髓和碧玉都有产出。美国的不同地区可以产出所有的玉髓品种，除了肉红玉髓和深绿玉髓。

其他的产地有：绿玉髓——澳大利亚、波兰、德国、坦桑尼亚、津巴布韦、俄罗斯；红玉髓——南非、俄罗斯、中国；玛瑙——墨西哥、纳米比亚、马达加斯加；碧玉——委内瑞拉、德国、俄罗斯；鸡血石——澳大利亚和中国。

《舞步》，由乔治·托尼里尔（Georges Tonnelier）雕刻（约 1900 年），长 21.5 厘米。玉髓可能来自乌拉圭。

评估

玉髓和碧玉的颜色和图案是否漂亮决定了其价值的高低。天然颜色的石头比人工处理的颜色价格更高。绿玉髓是稀少且最昂贵的品种。透明度对于绿玉髓、红玉髓、肉红玉髓、玛瑙和葱绿玉髓来说是一项重要的价值评估因素（现在，葱绿玉髓很少使用在首饰中）。（李国一　译）

玉髓花瓶，来自中国，高 10.6 厘米。

石榴石

GARNET

石榴石不仅仅只有红色的，它们包含了除蓝色以外的几乎所有颜色。石榴石的颜色范围之广令人惊讶，即使是在最近的 20 世纪 70 年代，新的石榴石品种也在陆续不断被发现，这同样令人惊异。沙弗莱石是 1968 年在肯尼亚的察沃国家公园被发现的，蒂凡尼公司的创始人将这种石头命名为沙弗莱石。1970 年前后在非洲东部，在寻找正在日本流行的紫红、粉紫色的铁镁铝榴石的过程中，又发现了一种红橙色的石榴石。这种新品种的石榴石在日本的销售状况很不理想，所以它被命名为马拉亚石，在斯瓦希里语中是“流浪者”“堕落者”的意思。在 20 世纪 70 年代末期，美国人开始觉得这种名字不太雅观的宝石具有别样的吸引力，但是它的名字已经无法改变了。

石榴石参数

石榴石是一族硅酸盐矿物的名称。族内的矿物之间的固溶体现象非常广泛，但是族与族之间不存在这种情况。

镁铝榴石：$Mg_3Al_2(SiO_4)_3$

铁铝榴石：$Fe_3Al_2(SiO_4)_3$

锰铝榴石：$Mn_3Al_2(SiO_4)_3$

钙铝榴石：$Ca_3Al_2(SiO_4)_3$

钙铁榴石：$Ca_3Fe_2(SiO_4)_3$

晶体对称型：立方晶系

解理：无

硬度：6.5~7.5

比重：3.5~4.3

折射率：1.714~1.895（中等到高）

色散：中等

对页：受到侵蚀的块状锰铝榴石，其上分散有黄铁矿，对角线长 6 厘米左右。一颗重 98.61 克拉的刻面宝石，来自美国弗吉尼亚州的阿米莉亚考特豪斯。

性质

上图：产自坦桑尼亚的铁镁铝榴石，重 24.51 克拉。
下图：产自俄罗斯乌拉尔山的翠榴石，重 4.94 克拉。

石榴石具有多彩、生动、耐久的特点，是很优良的宝石种类，但同时也很复杂多样。它包含了许多种类以及许多的矿物族群——就像一个水果市场里摆满的澳大利亚青苹果和蛇果以及康科德葡萄和绿葡萄一样。石榴石的颜色既随着种类变化，也与结构中过渡金属的取代作用相关。含铁和含锰的石榴石的颜色是它们自身内在的颜色（自色），而那些不含过渡元素的石榴石在纯净不含杂质的情况下是无色的（他色）。钙铝榴石的颜色范围最为宽广，而钙铁榴石——尤其是极品的绿色品种翠榴石——具有最高的明亮度和最璀璨的火彩。因为之前用作宝石的石榴石主要是铁铝榴石和镁铝榴石，所以造成了石榴石只有红色的这一错误概念。

石榴石，尤其是铁铝榴石，可以发育成互相垂直的三个方向的纤维状矿物包裹体；这样的宝石在切磨成合适的素面琢型时可以显现四射或六射星光。石榴石是等轴晶系，其立方对称性导致其晶体的大小会有很大区别，一些小尺寸的晶体看起来像天然的珠子一样。

对页：1.5 厘米的锰铝榴石晶体穿插在石英晶体上方，产自阿富汗楠格哈尔省；产自坦桑尼亚的 28.41 克拉的铁铝榴石；产自北卡罗来纳梅肯县的 8.97 克拉的圆明亮式琢型的镁铝榴石。

石榴石的品种、亚种、颜色及颜色成因

品　种	亚　种	颜色及成因
镁铝榴石	铬镁铝榴石	无色，由铁导致的粉至红色
		由铬导致的深红色
铁铝榴石		橙红至紫红色
铁镁铝榴石		红橙至红紫色
	红榴石	紫红至红紫色
锰铝榴石		黄红至红紫色
镁铝-锰铝榴石		红黄至紫色
镁铝-锰铝榴石		绿黄至紫色
	马拉亚石	黄橙、红橙至褐色，日光下蓝绿色、白炽灯
	变色石榴石	下紫红色，由钒、铬所致
钙铝榴石		无色，由亚铁导致的橙色及粉、黄、褐色
	沙弗莱石	由钒导致的绿至黄绿色
	桂榴石	由锰和铁导致的黄橙至红橙色
钙铁榴石		黄绿至橙黄至黑色
	翠榴石	由铬导致的绿至黄绿色
	黄榴石	黄至橙黄色

历史

石榴石的英文名为“garnet”，由拉丁文“granatum”演变而来，意思是“石榴”，同时也暗示了晶体的红色及像种子一样的外观。红色的石榴石宝石的历史可以追溯到数千年前。在捷克的湖边的一处居民坟墓发掘出了一串石榴石项链，其使用了青铜时代的材料。其他研究表明，公元前 3100 年之前的埃及，公元前 2300 年的苏美尔各地，以及公元前 2000—前 1000 年的瑞典，石榴石都已经被广泛用于镶嵌及作为圆珠宝石。在公元前 400—前 300 年，石榴石一直是希腊人最喜欢的石头，其在罗马时代一直很受欢迎。在俄罗斯南部出土的一个公元 2 世纪的坟墓中，已经发现有石榴石的镶嵌首饰。1939 年，在东英吉利发现的一个公元 7 世纪的船葬中，发现了超过 4 000 件的石榴石首饰。阿兹特克人和印第安人在前哥伦布时代就已经将石榴石用作饰品。

镁铝榴石是始建于 1500 年前后的波希米亚（捷克）珠宝加工中心繁荣兴盛的基础。直到 19 世纪后期，波希米亚一直是世界上主要的石榴石产地。

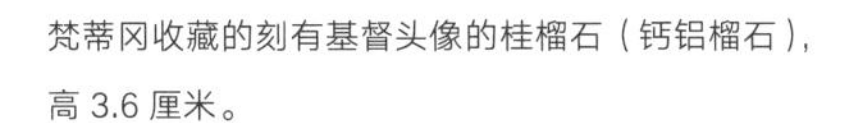

梵蒂冈收藏的刻有基督头像的桂榴石（钙铝榴石），高 3.6 厘米。

产自印度的铁铝榴石雕碗，直径 5.5 厘米。

石榴石的命名
镁铝榴石（Pyrope）：来源于希腊语“pyros”，意为“火热”，并暗示宝石的深红色。
铁铝榴石（Almandine）：来源于阿拉班达小亚细亚（现在的土耳其）的一个古老的石榴石矿。
红榴石（Rhodolite）：来源于希腊语，意为“玫瑰石”。
锰铝榴石（Spessartine）：来源于其被首次发现的巴伐利亚施佩萨特（Spessart）地区。
钙铁榴石（Andradite）：由 1800 年定名这一系列宝石的矿物学家 J. B. d'Andrada 命名。
黄榴石（Topazolite）：因颜色与托帕石（Topaz）相近而得名。
翠榴石（Demantoid）：来源于荷兰语“demant”，意为“钻石”，因其拥有钻石般的火彩而得名。
钙铝榴石（Grossular）：来源于一种猕猴桃的植物学名称“R. grossularia”，暗示浅绿色钙铝榴石与其果实的颜色具有一定的相似性。

产地

石榴石一般在变质岩以及一些火山岩中产出。铁铝榴石是很常见的产于变质岩的石榴石；锰铝榴石也基本相同，但是最纯净的橙色锰铝榴石一般都产自伟晶岩。镁铝榴石晶体是在高压的条件下形成的。钙铝榴石和钙铁榴石尤其是在与大理岩相邻的情况下，一般都是在接触变质带中产出的。

在南非和俄罗斯的含金刚石的金伯利岩中发现有外观极接近红宝石的镁铝榴石。在新墨西哥亚利桑那州和犹他州产出有高品质但是颗粒较小的镁铝榴石。其他常见的产地有肯尼亚、莫桑比克、坦桑尼亚、澳大利亚、巴西和缅甸。

铁铝榴石最主要的产地是印度、斯里兰卡和巴西。在印度和美国爱达荷州发现有星光石榴石。

比镁铝榴石和铁铝榴石透明度更高的红榴石（铁镁铝榴石）最初在 1882 年被发现于美国北卡罗来纳州的下溪。其主要的商业产地是坦桑尼亚；此外在印度、斯里兰卡、津巴布韦和马达加斯加也产出红榴石。

宝石级锰铝榴石的产量很少，一般产自巴西、坦桑尼亚、赞比亚、加利福尼亚州的雷蒙娜。在 19 世纪末期，其主要产地是弗吉尼亚州的阿米利亚考特豪斯。

马拉亚石是新发现的新品种石榴石，产自坦桑尼亚的翁八谷。变色镁铝-锰铝榴石也产自非洲东部。翠榴石最早是 1851 年在乌拉尔山的砂矿中发现的。较新发现的矿床在俄罗斯楚科塔。其他的产地包括马达加斯加、纳米比亚、扎伊尔、韩国、伊朗和意大利的瓦尔马连科谷。

锰铝榴石晶体（十二面体），1.5 厘米，与烟晶穿插。标本来自加利福尼亚州雷蒙娜。

肯尼亚和坦桑尼亚是沙弗莱石仅有的产地。其他钙铝榴石的产地包括斯里兰卡（黄色、褐色、粉色、红色品种）、加拿大的石棉（黄色、褐色至粉色品种）、墨西哥奇瓦瓦州（几乎不透明的大块晶体）。绿色、致密的含细小黑色斑点的钙铝榴石和玉非常相似，经常被当作玉出售。其他相似容易混淆的例子还有南非比勒陀利亚附近的德兰士瓦玉、缅甸北部的葡萄石、加拿大育空地区和加利福尼亚的玉料等。来自缅甸的白色块状钙铝榴石也经常被用于雕刻，或者被当作玉出售。

评估

颜色、净度和大小是评估宝石最重要的因素。绿色的石榴石是最珍贵的，但由于产量稀少，市场表现并不好。翠榴石是所有石榴石中价值最高的，在所有宝石中，翠榴石以美丽和稀少著称。翠绿色、透明并且无瑕的品种是极其珍贵的。褐红色石榴石的价值比纯红色的要低一些。高品质的石榴石的克拉价格会随着其尺寸的增大而增加。（孙逸天 译）

易与石榴石混淆的宝石

镁铝榴石和铁铝榴石：红色尖晶石和红宝石。

（镁铝榴石在市场上有时被称作亚利桑那红宝石、海角红宝石、埃利红宝石和法绍达红宝石，这些都是错误的叫法。）

红榴石：梅花色蓝宝石和碧玺。

钙铝榴石：祖母绿，托帕石，锆石和玉。

翠榴石：绿色钻石和锆石。

锰铝榴石：锆石和钙铝榴石。

沙弗莱碎粒和 8.16 克拉成品宝石，可能来自非洲东部肯尼亚的台达山。

珍珠及其他有机宝石

PEARLS & OTHER ORGANIC GEMS

珍珠、琥珀、珊瑚以及煤精都属于有机物，从这个角度来说，它们组成了一个宝石大类。

珍珠

PEARLS

珍珠在被人们发现时就已经算是成品宝石了。几个世纪以来它的美丽一直被人们所重视，但是它的流行程度却随着时间而变化。1916年，百万富翁莫顿·普兰特（Morton Plant）想要在卡地亚为他的妻子购买一条瑰丽的珍珠项链，但价格竟是100万美元！富翁提议和卡地亚用一处地产作为交换，卡地亚同意了。1956年，这条华丽的珍珠项链在帕克-伯尼特（Parke-Bernet）拍卖行进行拍卖，然而只拍出了151 000美元的低价。

然而当初作为交换的那块地上矗立着第五大道标志性建筑，是纽约市地价最高的地段之一，直到现在卡地亚仍持有它。

珍珠参数

珍珠是由层层叠加的珍珠质层组成的。

珍珠质成分：文石、$CaCO_3$（82%~86%）

介壳质—— 一种角状有机物质（10%~14%)

以及水 H_2O（2%）

光泽：珍珠光泽

解理：无；珍珠很坚硬

硬度：2.5~4.5

对页：中国清代满族头饰挂件，主要珠宝组成有：翡翠、珍珠、蓝宝石以及粉碧玺。

性质

柔软光亮的珍珠是由拥有珍珠质衬里的软体动物（珠母贝）分泌的，当珠母贝受到寄生物或者砂粒等外来异物的刺激便会分泌珍珠质。随着时间流逝，异物会被珍珠质层叠加包裹，由此而导致了珍珠洋葱形的内部构造。介壳质（一种角状有机物质）将文石微晶束缚而绑定在内含物的四周。这些微晶们相互部分重叠，使得珍珠表面略微起伏不平——将珍珠与牙齿摩擦时会有粗糙感——所以通过这种方式可以有效地区分天然珍珠和赝品。珍珠表面的同心珍珠质层会对入射光产生散射等干扰作用，使得珍珠表面形成了非常特别的珍珠光泽。珍珠表面的微小结构对表面入射光的衍射、干涉等一系列作用，从而使得珍珠表面形成了伴色——也叫晕彩。珍珠一般是半透明到不透明的，根据颜色可将珍珠分为三类：白色、黑色以及彩色。

珍珠母贝既可以是海水的也可以是淡水的，作为珠宝首饰的海水珍珠相对而言价值更高。海水珍珠主要来自马氏珠母贝属里的三个牡蛎品种。淡水珍珠的主要来源是帆蚌属和冠蚌属的蚌类。

养殖海水珍珠是通过仿造天然海水珠生长过程而人工培养的。在受保护的海域里，将贝苗（“蚝卵”）放置在塑料笼子里等待生长。三年后，从育珠蚌外套膜剪下一小片外套膜组织，与用蚌壳制备的人工核，一起植入蚌的外套膜结缔组织中。外套膜组织依靠外来的结缔组织提供的营养，围绕人工核迅速增殖，形成珍珠囊，分泌珍珠质。海蚌被放回海里的养殖笼子里。再过三年之后，人们回收蚌壳并得到了珍珠。日本最大的海水养殖珍珠的直径可达到 10 毫米左右。淡水养殖珍珠仅仅只有外套膜组织参与其植入过程，从而形成无核珍珠。

任何酸性物质，包括人类皮肤分泌的酸性物质、化妆品、香水以及发胶等，对于珍珠来说都是具有极大破坏性的。无论过湿或者

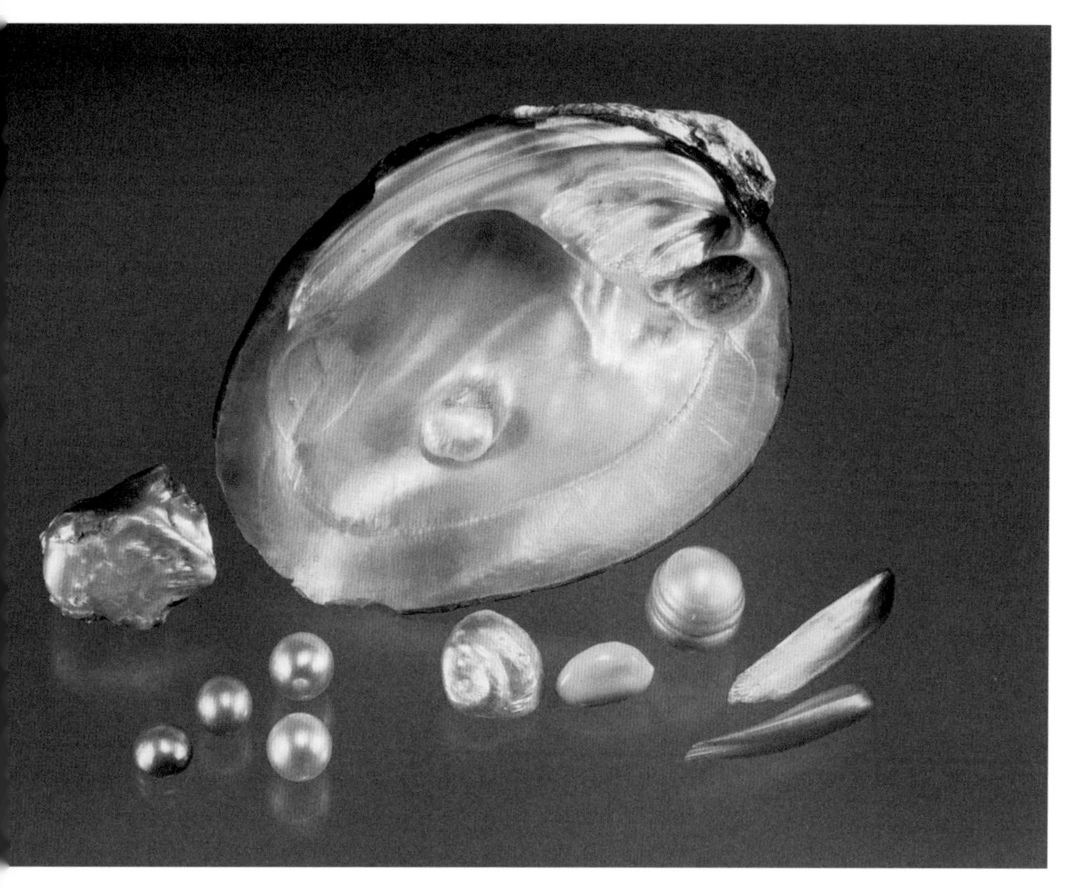

来自美国的淡水珍珠，以及一个包含贝附珍珠和长合页珍珠的长约 9.5 厘米的贝壳。

过于的空气环境都会削减珍珠的寿命。由于珍珠硬度低、表面柔软，如果将珍珠随意和其他珠宝杂乱地放置在一起则非常有可能刮伤珍珠表面，造成珍珠的损伤。珍珠的计量单位通常是格令而不是克拉：1 格令 = 0.25 克拉。

珍珠的颜色和形状

颜色：由珍珠体色、伴色和晕彩综合而成

白色系列：白色——白色体色、无伴色

奶油色——奶白色体色、无伴色

浅玫瑰色——白色体色、浅粉色伴色

奶玫瑰色——奶白色体色、深玫瑰色伴色

彩色——奶白色体色、玫瑰色和蓝色伴色

黑色系列：黑色、灰色、褐色、深蓝色、蓝绿色以及绿色体色，或有或无的金属伴色

彩色系列：红色、紫色、黄色、蓝紫色、蓝色或者绿色体色——在淡水珠中更常见

形状：圆形、梨形、水滴形、蛋形、纽扣形（具有平整的底面）、马白形（复合球形）、巴洛克（异形）、贝附珍珠（黏附在贝壳上）、小米珠（不对称、轻于 0.25 格令）

历史

在公元前 2200 年，珍珠还是纳税税品和进贡的贡品，在一部公元前 1000 年的古籍中清楚地记载着珍珠是中国西部省域的产物。古波斯（伊朗）经常将珍珠制成串链以及装饰物，珍珠的使用曾一度只是贵族的特权。在罗马，珍珠是当时最受喜爱的珠宝，人们频繁地使用珍珠以至于哲学家塞内加（Seneca，约公元前 4 年—公元 65 年）对妇女们这种过分佩戴它们的行为提出批判和指责。

在整个中世纪的欧洲，虽然十字军从近东带来了很多珍珠，

约1890年，慈禧太后（正坐中间）穿戴着她的珍珠披肩与宫廷女眷们的合影。

但是珍珠仍然仅仅只是皇家专有的珠宝。当凯瑟琳·德·美第奇（Catherine dé Medici，1519—1589）在1532年嫁给法国的奥尔良大公亨利时，她带去了6串精美的珍珠以及25颗单独的大珍珠，并且在不久之后把它们献给了玛丽·斯图亚特（Mary Stuart，1542—1587）。

玛丽死后，伊丽莎白一世（1533—1603）轻松地买下了这些美第奇珍珠。在她所有的画像里，伊丽莎白总是不会落下珍珠这种珠宝首饰。男人们也佩戴珠宝，这一事实表现在当时的皇家肖像画里。1612年，萨克森公爵颁布一道法令，不允许贵族阶级穿着镶嵌了珍珠的裙子，同时禁止大学里的教授和博士以及他们的妻子佩戴任何珍珠首饰。在文艺复兴后期，欧洲开始流行以龙、美人

伊迪斯·金·古尔德（Edith Kingdon Gould）——金融家乔治·杰伊·古尔德（George Jay Gould）的妻子——佩戴着珍珠项链的照片，约 1900 年。

鱼以及人马兽为造型的巴洛克异形珍珠吊坠。珍珠热一直持续到 19 世纪。慈禧太后（1835—1908）收藏的珠宝中包含许多稀世珍宝，其中不乏数量众多的珍珠，慈禧太后有一件镶嵌有 3 500 颗珍珠的短披风，而且每一颗珍珠都如金丝雀鸟蛋一般大小。

20 世纪初，许多珍珠的价位还是高得让人难以承受，但是到了 20 世纪 20 年代，富有的美国女人们却拥有着可以匹敌欧洲皇室和亚洲当权者数量的珍珠。20 世纪 30 年代，两个重要事件彻底改变了珍珠随后的命运——经济大萧条时期的降临以及人工养殖珍珠技术的发明。

约1907年，日本首先发明了球形珍珠养殖技术。御木本幸吉（Kokichi Mikimoto，1858—1954）是珍珠人工养殖业的创始人，而他本人也因此作为“珍珠王”而享誉世界。高档珠宝首饰商店在一开始对人工养殖珍珠是持拒绝态度的，蒂凡尼直到1956年才开始出售带有养殖珍珠的首饰。而如今，养殖珍珠的价格可能比等量的天然珍珠还要贵10倍左右，而且天然珍珠的贸易产值还达不到珍珠贸易总产值的10%。

传说

在印度传说中，当满月时分第一缕曙光洒下，海底的贝类生灵拾到的坠落在大海里的天堂露珠，便形成了珍珠。这个传说流入欧洲并被欧洲人所信奉。而希伯来人所流传的则是另一种说法：珍珠是夏娃从伊甸园被驱逐时流下的眼泪凝结而成的。在古代中国，珍珠象征着财富、荣誉和长寿。在欧洲，直到17世纪，人们一直把珍珠当作药用物品使用着。在亚洲，最低等级的珍珠的命运至今仍是被磨碎用作药物。

产地

天然珍珠的商业性捕捞最初是不存在的，但在过去，这对于在印度和斯里兰卡之间的波斯湾以及马纳尔湾是极其重要的。除了日本之外，澳大利亚以及一些赤道附近的太平洋小岛也发明了人工养殖海水珍珠，那里拥有更温暖的海水以及更大的海洋贝类，这些都为培育更大的人工养殖海水珍珠提供了先天优势。缅甸最优质、最大的养殖珍珠以拥有奶油体色和漂亮的粉色晕彩而著称。南洋珍珠主要产自于澳大利亚的北海岸以及大溪地附近。

曾经在日本本州的琵琶湖里有超过100家的淡水珍珠养殖场，但是湖水的重度污染使得这个产业遭到毁灭性的打击，并且再也没有恢复。琵琶湖里的珍珠大多是拥有很好的光泽的白色异形珍珠。虽然美国田纳西州也出产淡水珍珠，但是主要的淡水珍珠产业还是在中国。

评估

X 射线照相技术是用来区分天然珍珠和养殖珍珠的最佳手段。其他重要的判断参考因素有：大小尺寸、形状、颜色以及晕彩。最有价值的形状是标准而完美的球形，其次是对称的水滴形、梨形以及纽扣形。高价值的颜色有带有粉色伴色的白色和奶油色，以及伴随着绿色的晕彩的黑色。很多珍珠都经过了漂白处理，一些珍珠被染成了粉色，有时还会被染成天然彩色黑珍珠的样子。偶尔地，珍珠还会经过辐照处理以产生灰色、灰蓝色以及黑色等深色。这些颜色是长久性的，不会褪色。

一串项链里的珍珠需要有相匹配的颜色、光泽以及半透明度，同时在串制项链时需要在每两颗相邻的珍珠之间编制绳结，这样就可以避免珍珠之间的相互摩擦，更重要的是，当项链从某处断开时最多只会丢失一颗珍珠，从而避免了更多的损失。

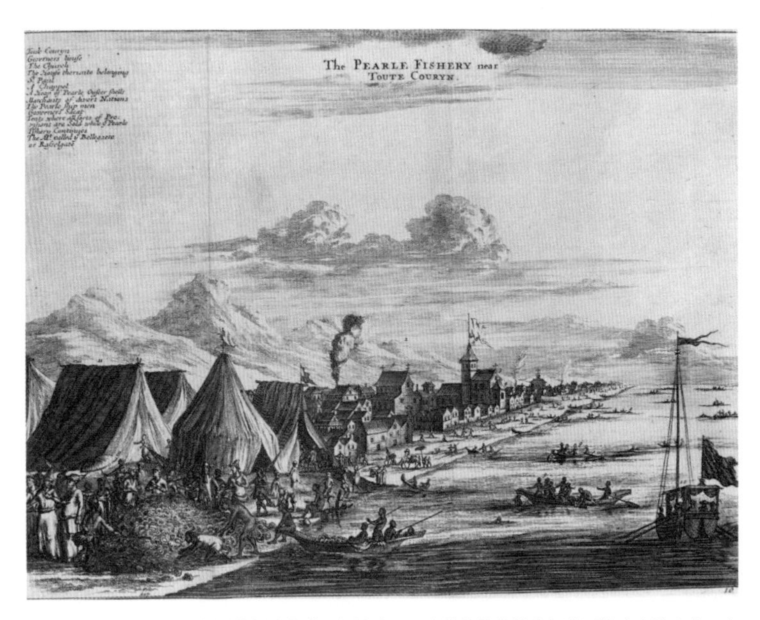

一幅浮雕作品，记录了在杜蒂戈林港（孟加拉湾，印度的杜蒂戈林港）附近的珍珠养殖业，出自安山·丘吉尔（Awnsham Churchill）、约翰·丘吉尔（John Churchill）、约翰·洛克（John Locke）、约翰·倪贺夫（John Nieuhoff）编撰的《航行旅游记》（*A Collection of Voyages and Travels*，1744—1746）。

珍珠层的厚度对于养殖珍珠来说是非常重要的。如果珍珠表面覆盖层的厚度低于 0.6 厘米的话则被视为低档珍珠。喷漆技术经常被应用到珍珠上以避免开裂或者磨损等现象。被合成珍珠精液所覆盖的塑料和玻璃是常见而廉价的珍珠仿制品。将乳光玻璃珠串多次浸渍在鸟嘌呤溶液（提炼自鱼鳞）里，接着将其抛光、表面喷漆，以达到防止褪色的目的，这算是好一点的珍珠仿品。马略卡（Majorcan）仿制珍珠因其良好的品质而闻名。

小的佛像被植入活的淡水蚌中，并且逐渐被母贝的珍珠质所覆盖。母贝全长为 11.3 厘米。

一个被嵌入皇帝头盔中的贝雕作品——《缪斯的战车》，来自西印度群岛，19 世纪晚期的意大利作品。

琥珀

AMBER

希腊哲学家泰利斯（公元前6世纪）曾提到，琥珀经过摩擦之后可以吸引轻小物体。希腊人将它称为“静电”（elektron），意思是“与太阳相关联”。因此，希腊语里的琥珀一词意思近似于“静电”或者“静电”的派生词。琥珀一词还来自于阿拉伯语里的“anbar”，意思是“龙涎香”，取自鲸油，同时还可用作香水。

琥珀参数

化学式：碳氢化合物的混合物

解理：无解理，但是有时候易碎

硬度：2 ~2.5

比重：1.05~1.096

折射率：1.54

光泽：树脂光泽

颜色：黄色、棕色、发白的、红色；由于琥珀内部含有气泡而对光线引起的折射或者由于琥珀的荧光效应而偶尔呈现出绿色和蓝色。

对页：图中标本是产自多米尼加共和国的琥珀中发现的已经灭绝的白蚁，这块琥珀长4.4厘米。

性质

琥珀是由种类繁多的天然植物树脂石化而形成的。琥珀一般呈透明到半透明状，是体量感十足的大块体，并且通常包裹着一些有趣的内含物——植物以及被流动树脂困住的微小节肢动物。这种化石的形成要追溯到2.3亿年前的三叠纪时期了。琥珀表面柔软，但是琥珀本身却相当坚韧，人们可以在琥珀上打孔以及进行雕刻加工。它的密度太低会漂浮在饱和食盐水之上——人们通过这个性质可以区分天然琥珀和那些会在饱和食盐水里下沉的琥珀替代品。

有些人将“真琥珀”（true amber）一词保留，作为波罗的海地区琥珀的代称，有的时候也将“琥珀色”（succinite）一词作为琥珀的代称。波罗的海地区的琥珀来自存活于3 000万～6 000万年前的针叶树。多米尼加共和国出产琥珀比波罗的海琥珀稍微年轻一点，而且很有可能起源于一种豆科植物。同时，多米尼加琥珀比波罗的海琥珀更加柔软。

在中国雕刻的缅甸琥珀服饰装饰物，长7厘米。

波罗的海琥珀分类
透明琥珀：透明 **油脂状琥珀**：内部充斥着微小的气泡，外观类似鹅脂肪 **低等琥珀**：内部布满了气泡，呈现浑浊外观 **骨珀**：白色或棕色，比普通琥珀更浑浊、不透明 **泡沫琥珀**：不透明，呈现白垩外观

历史

琥珀坠子、珠链以及纽扣的历史要追溯到公元前3700年的伊斯坦尼亚，早在公元前2600年的埃及就出现了琥珀珍宝。人们在公元前2000年的克里特和迈锡尼发现了琥珀珠子，并且在相同时期的英国出现了划分等级的琥珀珠子。公元前1000年，腓尼基人在地中海地区进行波罗的海琥珀的贸易。在伊顿鲁里亚（意大利中西部城市），琥珀被用来当作镶嵌配珠，制成琥珀珠链、甲虫式宝石以及小型吊坠。早期基督教时代，人们焚烧琥珀以用作熏香。

在欧洲的中世纪时期，天主教玫瑰经念珠兴起，念珠的制造使人们对琥珀的需求大量提升，从而促进了市面上琥珀的流通。随着琥珀的供给量不断增加，琥珀在大众中的普及度也不断提升。琥珀雕刻技术在16和17世纪时达到了顶峰，琥珀雕刻的对象包括高脚杯、烛台、树枝状装饰大吊灯、宗教雕塑以及珠宝首饰。19世纪，琥珀首饰非常流行，然而在那时，相对于雕刻工艺来说人们更加关注的是琥珀本身的价值。今天，大部分的琥珀都只是经过了简单的抛光工艺，人们认为这样更能呈现琥珀宝石本身的自然美以及温润的光泽。

来自中国的琥珀雕刻艺术品，高 10.9 厘米。一串琥珀项链，共有 108 颗珠子，原料产自波罗的海海岸。一块长 11.5 厘米的琥珀，产自意大利西西里岛。

传说

在希腊神话中，琥珀形成于费顿——太阳神海洛斯之子——被雷击身亡之时。费顿的姐妹们对他的不幸遭遇悲痛万分，不久之后就因承受不了这沉重的打击而变成了河堤边的白杨树，她们流下来的悲伤眼泪凝固后就变成了半透明的琥珀。

产地

世界上 90% 的宝石级琥珀都产自于波罗的海的东南沿海岸。这些来自于沉积矿床的漂浮不定的“海”珀分散于波罗的海地区滨海沿岸。大部分波罗的海的“矿”珀开采自被称为“蓝地”的蓝色海绿石砂矿中。俄罗斯加里宁格勒附近的珊兰登半岛，以及波兰的格但斯克港口周边是这片地区里最大的沉积矿床。多米尼加共和国是世界第二大的琥珀产地（部分被称为科巴树脂，科巴树脂不是琥珀）。其他产地还有西西里岛（高氧琥珀）、缅甸（缅甸硬琥珀）、罗马尼亚（罗马尼亚琥珀）、黎巴嫩、德国、加拿大以及墨西哥。

评估

高品质的琥珀是干净、透明且无瑕的。绿色、蓝色以及红色是琥珀最具价值的颜色。在琥珀常见的颜色中，黄色价格最高。在液压环境中加热琥珀碎片并且压制，所形成的更大的琥珀块体就是压制琥珀以及再造琥珀。人们可以通过观察再造琥珀内部的流动结构以及被拉长的气泡从而区分再造琥珀和天然琥珀。常见的琥珀仿制品有塑料、现代天然树脂以及玻璃。

珊瑚

CORAL

这种橙色到红色的宝石常被视为意大利的“角”护身符，并且曾一度被人们认为是没有根叶但是能开花的海洋植物。1723 年，一位法国的生物学家将珊瑚定义为珊瑚虫集群的外骨架——珊瑚虫将溶解在海水中的方解石转换为树枝状外观的集合体。虽然珊瑚是一种潜在的可再生资源，但是人们不计后果的开发将珊瑚推向了灭绝的边缘。珊瑚的保护措施始于 1970 年，人们选择性地开采珊瑚以延续宝石级珊瑚的产量，然而气候变化及其对海洋所产生的影响却成为当下珊瑚最大的威胁。

珊瑚参数

珊瑚主要的成分是方解石和碳酸钙，或者介壳质，一种角质的有机物质。

解理：无

硬度：3.5~4

折射率：不可测量

比重：2.6~2.7（红色方解石珊瑚）；1~3（黑色、金色、蓝色贝壳硬蛋白珊瑚）

对页：19 世纪中国珊瑚雕刻品，高 35.5 厘米。

性质

虽然红色是宝石级珊瑚的特有象征，但是珊瑚的颜色范围却涵盖甚广，包括由红到橙到粉甚至白色的各种颜色。珊瑚的红色来源于铁元素以及有机色素，良好的骨骼结构使得珊瑚呈现出不透明的外观。肠腔动物物种中有一种名叫“红珊瑚”的坚硬珊瑚，这也是最有价值的宝石级珊瑚。被称为“阿克巴”或者“帝王珊瑚”的黑珊瑚、金珊瑚以及非常罕见的灰蓝色珊瑚都属于软珊瑚。观察珊瑚表面的纵向纹路以及珊瑚分支的骨骼结构所形成的固定图案是将珊瑚与其仿品相区分的重要手段。

历史

在公元前 3 000 年的苏美尔花瓶上记载着，人们最早在德国威斯巴登北部的洞穴中找到了旧石器时代的珊瑚。珊瑚很受古希腊人和罗马人的推崇。普林尼在公元前 1 世纪时的作品中提到了有关珊瑚在地中海和印度之间的贸易往来。13 世纪时，马可 · 波罗留意到了珊瑚在珠宝首饰以及西藏佛像装饰上的应用。中国官员们穿戴着用珊瑚制作的纽扣的朝服。到了 16 世纪，西班牙人把珊瑚引入了中美洲，从此纳瓦霍人以及普韦布洛人将珊瑚广泛地应用在珠宝首饰中。

维多利亚女王非常喜爱珊瑚，所以那时珊瑚也是装饰艺术珠宝商的最爱。当下珊瑚正享受着非常高的人气和热度，与此同时，如果保护珊瑚的一系列措施实施不到位的话，珊瑚的供应量会不断下降甚至终止供应。

传说

在古希腊神话中，珊瑚的起源与美杜莎之死有关，美杜莎死于柏修斯之手——传说她的血流下来就形成了红珊瑚。在罗马时代，人们认为珊瑚项链可以庇佑儿童，让小孩避免灾难。在《变形记》中罗马诗人奥维德（约公元前 43—公元 17 年 ）将其誉

柏修斯用美杜莎的头颅将菲纽斯变成石头，查尔斯·莫奈（Charles Monnet）绘于 1767 年。在古希腊神话中，从美杜莎断落的头颅中淌下来的血滴硬化，最终变成了红海中的珊瑚。

为治疗蝎子和蛇毒的解药。根据阿拉伯医生阿维森纳（980—1037 年）的记载，珊瑚可以帮助人类获得良好的幽默感。在英国 12 世纪手稿中建议道，将刻有蛇发女妖（高更）或者巨蛇图案的珊瑚作为用以抵抗一切敌人与伤口的护身符。在中世纪的英国，人们相信在分娩时佩戴珊瑚项链可以起到庇护作用。在意大利，迄今为止人们佩戴珊瑚以保护自己不受“恶目”之害。

产地

珍贵的珊瑚生长于深 10～300 米且干净、温暖的海洋里。早期高品质珊瑚的来源一直是地中海和红海，例如位于意大利的那不勒斯南部的港市——托雷·德尔·格雷科——是珊瑚业的中心，也被称为珊瑚之城。比斯开湾生长有相似的珊瑚，还有加纳利群岛附近、非洲的西南海滨、日本附近、马来西亚南部、毛里求斯、澳大利亚以及中国台湾都有产出。

1957 年人们在毛伊岛发现了黑珊瑚（黑角珊瑚）的两个品种，同时在澳大利亚、西印度群岛也有发现。1966 年在欧胡岛，还有一种粉色珊瑚，早于其他已知地区被人们发现。夏威夷珊瑚中最罕见的是金珊瑚，它颜色变化多彩，有金色、金棕色、竹褐灰色、棕色以及深橄榄绿色。《濒危野生动植物种国际贸易公约》（CITES）从法律上限制了许多珊瑚品种的贸易。

评估

颜色、尺寸以及抛光决定了珊瑚的价值。白粉色（天使之肌）以及深红色（牛血红）的珊瑚价值最高，因此珊瑚有时会被染成特定的、不同浓淡深浅的颜色以达到更高的价值。尺寸大的珊瑚很罕见，大而精的珊瑚雕件价格不菲。人们通过颜色的匹配度和珠子的均匀度来评估珊瑚项链的价值。

宝石级珊瑚的仿制品

珊瑚经常被海螺珍珠、海螺壳、粉状大理石压制合成品所仿制。其他仿制材料还有塑料、木材以及密封蜡。吉尔森合成法生产出的珊瑚颜色为橙色到红色，是精湛的现代仿制技术之一。

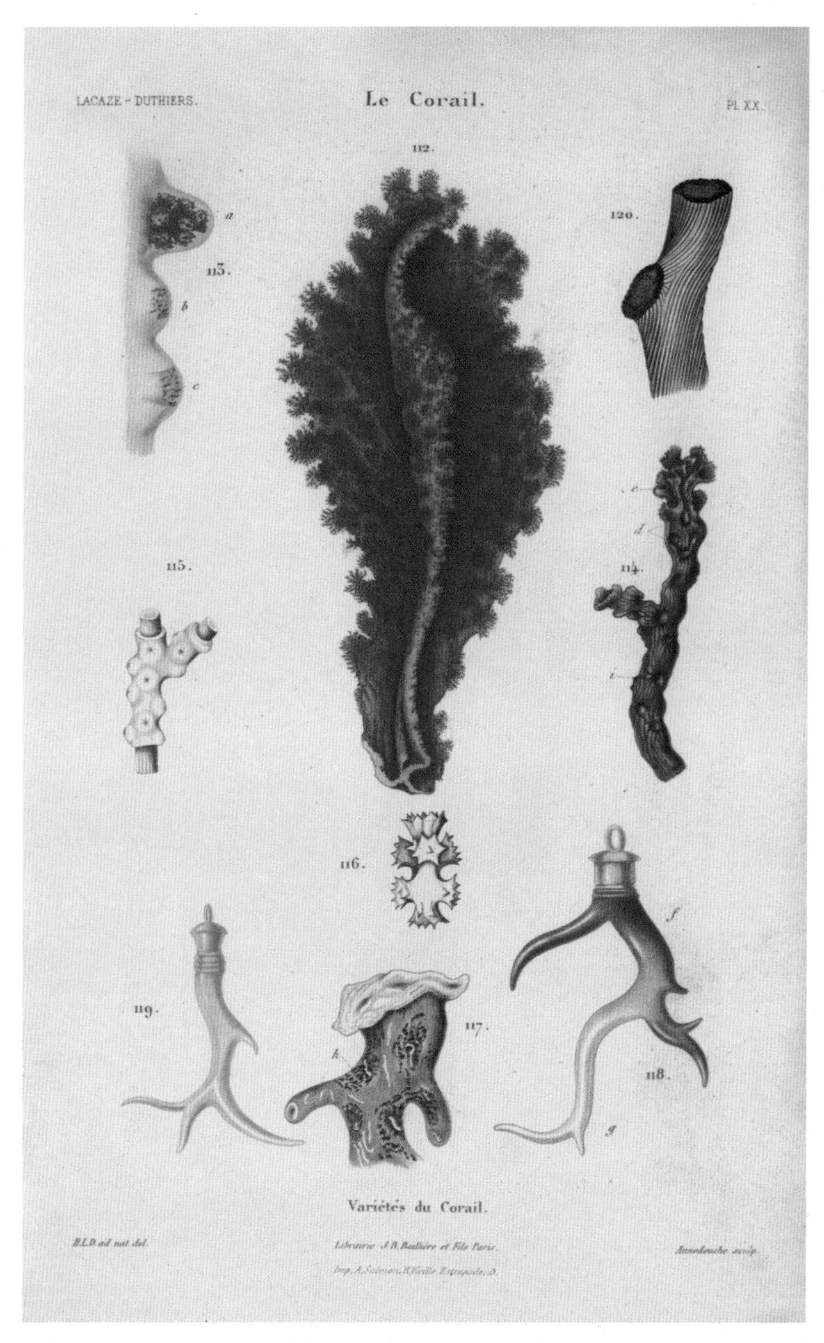

来自动物学家亨利·德·拉卡兹·迪捷（Henri de Lacaze Duthiers）的珊瑚骨骼插图，《珊瑚的自然史》（1864 年），自然历史博物馆学术图书馆藏。

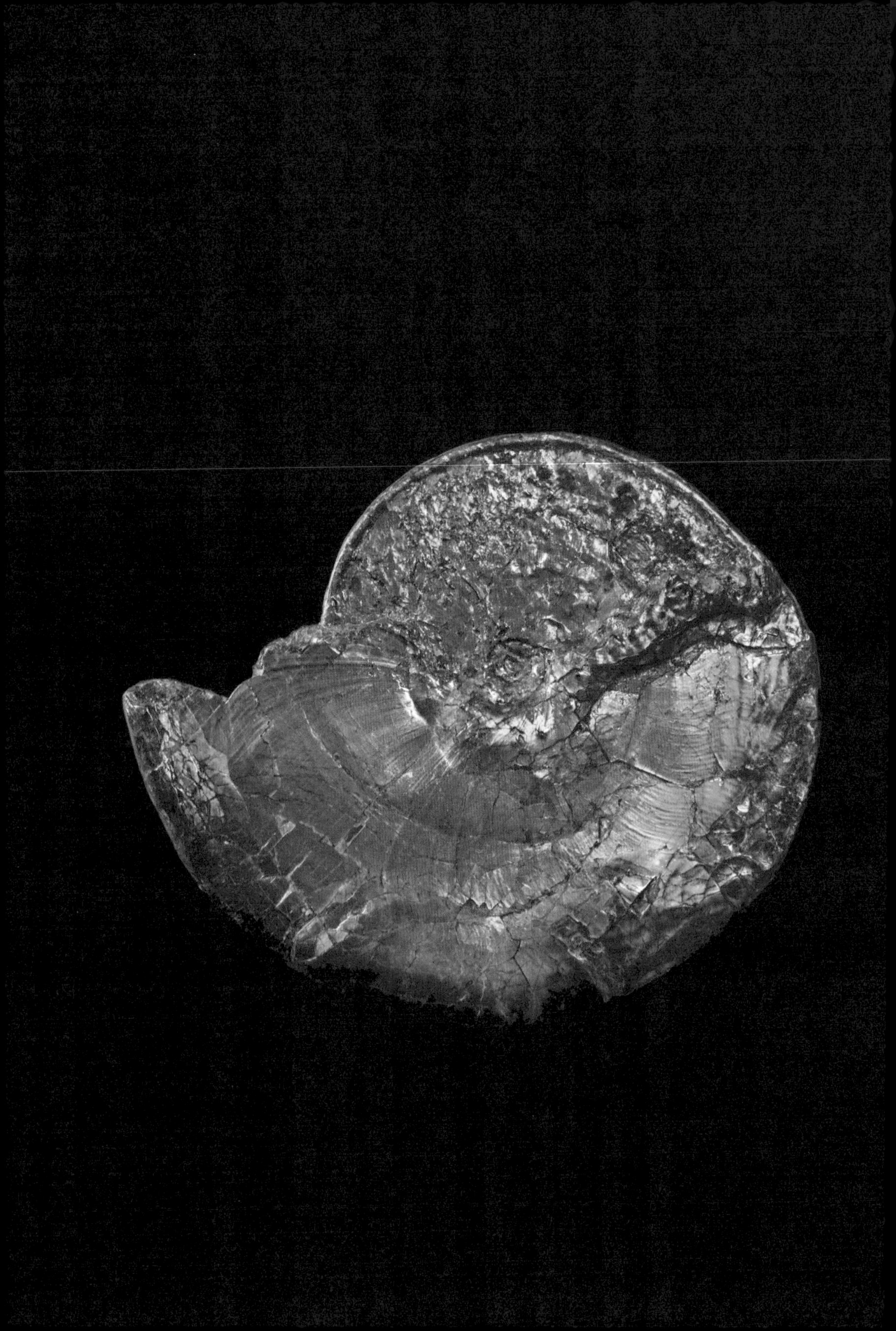

菊石

AMMONITE

对于科学家来说，鹦鹉菊石化石是一种难以置信的信息来源，岩石的年代为史前海洋的存在提供了有力证据。这些已灭绝的海洋动物生活在古生代和中生代——4 亿到 6 500 万年前。那些具有颜色鲜艳的晕彩的鹦鹉菊石化石是阿尔伯塔、加拿大、相邻的萨斯喀彻温省周边以及蒙大纳省所特有的。最初的“珠母贝”在经历长期的掩埋之后失去了其原本的有机成分（贝壳硬蛋白），但是那些覆盖沉积物有效地防止了由文石到方解石的转变，所以那些层状结构以及晕彩只出现在化石化的基石之上。

对页：这只鹦鹉菊石的直径大约是 56 厘米，这些已灭绝的海洋动物生活在古生代和中生代，4 亿 ~ 6 500 万年前。其生动的色彩是阿尔伯塔、加拿大的鹦鹉菊石所特有的，鹦鹉菊石的斑彩成因可能是其化石化过程中的高温高压。

煤精

JET

尽管在不久之前煤精还一度与服丧珠宝联系在一起，但是煤精拥有它自己的古老传统并且仍旧是代表好运的护身符。在 1861 年艾伯特亲王死后，维多利亚女王佩戴煤精四十年，从而将煤精的人气推向了顶峰。但是到了 20 世纪初，时尚潮流发生了变化，煤精不再作为首饰出现了。今天，随着黑色的流行，煤精首饰再次在大众视线中复苏。“煤黑”（jet-black）这个词作为描述黑暗的终极词汇就起源于煤精这一宝石材料。

煤精参数

化学成分：碳以及各种碳氢化合物

比重：1.3~1.35

解理：无，但是脆性强

折射率：大约 1.66

硬度：3~4

对页：抛光的煤精板，长约 9.5 厘米，2.92 克拉的磨成刻面的煤精宝石，以及一颗 5.26 克拉的蛋形煤精宝石，产地均未知。煤精、绿松石拼合青蛙，来自新墨西哥查科峡谷博物馆的人类学部，高约 8.1 厘米。

性质

煤精是深棕色到黑色的褐煤的品种之一（起源于拉丁语“lignum”，意思是“木材”）——一种低品质煤。这使得煤精更多的是一种岩石而不是一种矿物，或者充其量可以说成是一种类矿物——与矿物相似的物质。煤精可以燃烧。它需要被高抛光，但是同时又非常容易被刮擦以及磨损。它足够坚硬，经得起人工雕琢以及被打磨成刻面宝石，另一种更软、更脆、不易加工的品种被称为“巴斯塔德煤精”（bastard jet）。用力地摩擦羊毛或者丝绸之后煤精表面会带上电荷，可以吸引小的稻草或者纸片。这一与琥珀相类似的性质为其赢得了“黑琥珀”的名称。

历史

煤精在英国的使用至少可以追溯到新石器时代，在青铜时代煤精被用作珠子。英国的煤精首饰可以追溯到公元前2000年中期，英国东北海岸的惠特比地区附近，曾是世界上最优质煤精的主要来源地。罗马时期，不列颠尼亚的煤精开采变得活跃起来，约克郡将数量可观的煤精首饰出口到罗马。根据普林尼的描述，这个材料是因坐落在土耳其利西亚的名为贾格思的城镇以及河流而命名，人们曾在那里发现了煤精以及煤精类似物。

14世纪以及15世纪时期，煤精雕刻在西班牙兴盛起来，那时煤精主要被用作护身符以及服丧用品。前哥伦比亚玛雅人、阿兹特克人、普韦布洛人和阿拉斯加土著人将煤精作为装饰用品。18和19世纪时，可以看到煤精广泛地被用到念珠、十字架、雕塑以及珠宝首饰中。

传说

煤精曾一度被认为是航海者的庇佑物。一位阿拉伯的植物学家伊本·贝塔尔（Ibn

al-Baitar）在1213年所作的书籍中记载，煤精可以驱赶有毒的禽兽虫蛇。自10世纪以来，西班牙煤精“黑加斯”——手形护身符——被穿戴在人们身上用以庇佑其身不受邪恶之眼的侵害。

产地

存在于沥青页岩中呈孤立块状体或夹于煤层之间的岩石被称为“煤精岩”，在那里，浮木曾被淹没于海床泥中，最终石化而形成煤精岩。德国、西班牙、法国、波兰、美国、俄罗斯、印度以及英国均出产煤精。

评估

评估煤精时最主要需要参考的因素是：煤精是否具有均匀而统一的颜色以及纹理。紧凑、均匀而又致密的类型需要更好的抛光才能显现出良好的效果，所以这种类型的煤精其品质通常也被认为是最好的。（王越　译）

易与煤精混淆的宝石：煤精替代品与煤精仿制品

黑曜石、染色玉髓、黑碧玺易与煤精混淆。

苏格兰烛煤和宾夕法尼亚无烟煤已被用来作为替代品。

玻璃、塑料和橡胶（硬质橡胶硫化）是常见的几种煤精仿制品。黑色玻璃石常被称为“巴黎煤精”。

稀有宝石及装饰材料

RARE & UNUSUAL GEMSTONES & ORNAMENTAL MATERIAL

许多矿物由于丰度不足，没有典型的特征或者广为人知的传说，而不能排在知名宝石之中；它们中有的很美丽，但是并不适用于做珠宝首饰，对它们感兴趣的主要是收藏家们。在这一节中，宝石矿物已经与雕刻材料分开；将可切磨成刻面的晶体与岩石或“装饰性材料”区别开。这些宝石矿物经常被称作“稀有宝石”，并被分为三类：(1）具有优质特性但过于稀少，或者并不稀少而仅仅具备适当的属性——通常缺乏漂亮的颜色或光泽；(2）宝石硬度过低或易碎，而只能作为收藏家的藏品或者在博物馆展出；(3）已经被切磨成型或用作首饰的不透明金属矿物。此外还有一些装饰性矿物。

每一组的宝石均按照“宝石品质”递减的顺序排列（略带有主观色彩的评价）。(见表，246–248 页，每一种矿石的具体数据，有些稀有的宝石也包含在这张表中。）我们完全承认这份排名中带有个人偏好的倾向。

对页：坦桑石晶体，产地坦桑尼亚，高 4.2 厘米。

稀有的中档宝石

黝帘石（Zoisite）在1905年首次被人们描述，粉色品种——锰黝帘石，特别是产自挪威的，被作为素面或雕刻的装饰材料。在1967年，一种新型的、具有浓郁蓝色的品种在坦桑尼亚被人们发现，并被蒂凡尼公司副总裁亨利·B.普拉特（Henry B. Platt）定名为坦桑石，也是蒂凡尼开拓了坦桑石的市场。这种宝石的晶体透明，具有蓝宝石的蓝色到紫水晶般的紫色，具有很强的多色性。一些坦桑石会被热处理以去除黄色或者棕色调，同时加深蓝色。因其色彩绚丽、十分美丽，坦桑石已成为一种较受欢迎的刻面宝石，但可用性和价格随坦桑尼亚当地法律和矿业权的变化而波动。

蓝锥矿（Benitoite）首次在1907年于美国加利福尼亚州的圣贝尼托县被人们发现，因为没有在其他地方发现这种矿物，于1985年其被定为州石。这种稀有的宝石具有蓝宝石的蓝色和钻石的火彩。

锂辉石（Spodumene）具有从无色到黄色、黄绿色、粉红色、紫色、浅至深绿色、浅绿色的蓝色不同的颜色。紫锂辉石和希登石（翠绿锂辉石）是最受欢迎的两种宝石品种。紫锂辉石为粉红色、淡紫色或紫色并以著名宝石学家乔治·F.昆兹的名字命名。一些紫锂辉石长期暴露在阳光下会褪色，主要产地为美国加利福尼亚州、巴西、马达加斯加和阿富汗。翠绿锂辉石是几乎只产于北卡罗来纳州希登的一种珍稀宝石。

柱晶石（Kornerupine）可以是无色、棕色或黄色，但绿色者最具价值。具有猫眼效应者或星光效应的柱晶石非常罕见，宝石级柱晶石在1911年于马达加斯加首次被发现；斯里兰卡、东非、澳大利亚、缅甸、加拿大和南非也有该矿产分布。

硼铝镁石（Sinhalite）1952年被鉴定，并以僧伽罗语命名为“锡兰石”（Sri Lanka），也是该矿物的发现地——斯里兰卡——在古代的梵文名。在缅甸和坦桑尼亚（粉色至带褐色调的粉色）也有产出，此前硼铝镁石被认为是褐色橄榄石。其典型颜色是黄棕色、

一颗重 3.57 克拉的蓝锥矿晶体宝石，长为 2 厘米和在钠沸石岩石上的柱星叶石晶体。两者都来自加利福尼亚州圣贝尼托县。

绿色和深棕色。

金红石（Rutile）是一种常见的富钛矿物。它的颜色通常是深红色或者红棕色到黑色，具有很高的折射率以及非常强的色散值。它的火彩是钻石的六倍，但是通常被深的体色所覆盖，受透明矿物的稀有性以及浓郁颜色所限，仅在收藏家之间流传。

蓝柱石（Euclase）通常是透明的，从无色到各种颜色，以蓝色最为珍贵。它的命名源自于古希腊语“eu”和“klasis”，分别是“舒适”和“破碎”的意思，因其具有完全解理。如果产量不是如此稀少，它可能成为一种非常流行的宝石。巴西的米纳斯吉拉斯州

两颗紫锂辉石晶体，长9.8厘米，重量分别为121.48和191.84 克拉。产自美国加利福尼亚州的帕拉。

一组彩色的蓝柱石晶体，其中最大的晶体长 5.5 厘米，产地津巴布韦；两颗刻面宝石重量分别为 7.94 和 8.64 克拉，产于巴西米纳斯吉拉斯州。

是宝石级蓝柱石的主要产地，其他产地还有缅甸、哥伦比亚、坦桑尼亚以及津巴布韦。

榍石（Titanite）的另外一个英文名称为 sphene，呈黄色、棕色或绿色，到达宝石级品质者透明。它具有高折射率及强色散，使得切工良好的宝石呈现高的亮度和火彩。如果其硬度更高并且不那么易碎，那么它将是一种很重要的宝石矿物。宝石级榍石产于马达加斯加、缅甸、印度、肯尼亚、坦桑尼亚、斯里兰卡、巴西以及墨西哥。

透辉石（Diopside）是造岩矿物中辉石族的成员，少有宝石级别。它们偶尔会被切磨成刻面宝石、猫眼以及四射星光宝石。透辉石通常呈现不同深浅的绿色。缅甸、俄罗斯、意大利以及纽约是宝石级透辉石的重要产地。

榍石，10.07 克拉，产于瑞士，双晶产于奥地利，长 5.5 厘米。

34 克拉的刻面磷铝石和一个不规则的宝石级磷铝石晶体，高 8 厘米，均来自巴西米纳斯吉拉斯州。

彼得罗·法布里斯（Pietro Fabris）画的火山岩样品和宝石别针的插图，威廉·汉密尔顿（William Hamilton）爵士时期被复原，《坎皮佛莱格瑞：观察两西西里王国的火山》（那不勒斯：[出版者不详] 1776），来自美国自然历史博物馆学术图书馆。

长 7.3 厘米的方解石晶体，以及一颗重 99.6 克拉的来自蒙大纳加勒廷县的宝石。

黑曜石（Obsidian）是用于首饰的最重要的天然玻璃。黑曜石是一种透明到不透明的火山玻璃质矿物。它通常为黑色，也可以是棕色、绿色、黄色、红色或者蓝色。有时候会由于细小内含物的反射而出现金色或者银色虹彩。雪花黑曜石是一种夹杂白色内含物的黑色品种。桃红黑曜石是一种黑色和红色交替呈带状分布的品种。“印第安人的眼泪”是一种小而浑圆的鹅卵石状品种，通常为半透明，呈浅到深灰色，发现于美国西部。雪花黑曜石的重要产地遍布全球。

锂磷铝石（Amblygonite）通常为黄色、黄绿色或者淡紫色。浅淡的颜色和相对稀少的产量限制了它在首饰中的广泛使用。宝石级锂磷铝石主要产地为巴西、缅甸以及美国缅因州。

方柱石（Scapolite）实际上是一个矿物族，可以呈无色、粉红色、紫色、黄色或灰色。它可切磨成迷人的猫眼石（方柱石猫眼）和刻面宝石。宝石级方柱石最初于1913年在缅甸被发现，在马达加斯加和坦桑尼亚也有产出。

硬度低、易碎的宝石

方解石（Calcite）是最为常见的碳酸盐矿物，分布极为广泛。文石与方解石化学性质相同，但是具有不同的晶体结构。三个方向的完全解理使方解石切磨起来十分困难。方解石的颜色有无色、白色、灰色、红色、粉红色、绿色、黄色、棕色或蓝色。冰洲石是方解石的无色透明品种。

宝石级方解石在许多地方都有产出，尤其是墨西哥。大理石是一种主要由方解石组成的变质岩，经常被用作雕像或者装饰物。奥尼克斯大理石由方解石和文石带状交替分布，其主要产地为墨西哥的加利福尼亚半岛，因此有时候也被称为“墨西哥玛瑙”；如果被染成绿色，则被称为“墨西哥玉”。犹他州也有出产。

萤石（Fluorite）易碎裂，可具有各种颜色。荧光一词便来自这种具有很强的荧光特性的矿物。因为其迷人的颜色，萤石会被收藏家们切磨成刻面宝石。蓝色、白色或紫色带状的品种被称为蓝色约翰或德比郡晶石——自罗马时代起，就被人们作为观赏石。伊利诺斯南部是萤石主要产地之一。

菱锰矿（Rhodochrosite）第二次世界大战前于阿根廷圣路易斯发现了一块巨大的漂亮的带状菱锰矿，此后，便被用作商业用途上的装饰物、串珠和弧面宝石。因为印加也有此矿物产出，所以阿根廷的菱锰矿有时也被称为“印加玫瑰”。菱锰矿有时以深红色的晶体形态产出。这些深红色晶体有时会被收藏者切磨成刻面——尤其是产于南非的霍塔泽尔的晶体。中国是一个比较新的产地。

一颗产自南非库鲁曼的 59.65 克拉的刻面菱锰矿，这是记录中最大的一颗，以及一组宽达 7 厘米的晶体。

金属不透明宝石

黄铁矿（Pyrite）也被称为“愚人金”，是最常见的硫化物矿物，且世界各地均有产出。当用于首饰时，它常被称为“白铁矿”，这是一个误称：自然界的白铁矿虽然化学成分与之相同，但是晶体结构不同。黄铁矿曾被古希腊人和罗马人、玛雅人、阿兹特克人以及印加人使用。到了 20 世纪 80 年代末，黄铁矿又迎来了它的春天。黄铁矿是一种具有黄铜色及明亮金属光泽的不透明矿物。

赤铁矿（Hematite）最重要的铁矿石之一，黑色至深灰色，具金属光泽。被雕刻成凹雕、浮雕，偶尔磨成串珠用来仿黑珍珠，刻面宝石也经常被当作黑色钻石出售。赤铁矿产地众多，目前阿拉斯加是最重要的一个。

黄铁矿标本，直径约 15.2 厘米，产自切斯特，美国佛蒙特州。

装饰材料

——雕刻品、串珠、镶嵌物

石膏（Gypsum）自古便作为观赏石的品种。雪花石膏是一种块体大、细粒的、半透明品种；纤维石膏是具有珍珠光泽的纤维品种；透石膏具有无色透明的晶体形态。石膏很软，可以用指甲刻划。它通常是白色的，也可有黄色调、棕色调、红色调或绿色调。块状品种多孔，容易被染色。雪花石膏最重要的产地有托斯卡纳、意大利以及英国德比郡和斯塔福德郡。

滑石（Talc）无杂质时呈银白色，但是与杂质混合后变成灰色、绿色、泛红、棕色或黄色。它是硬度最低的宝石矿物。块滑石，一种常用的雕刻材料，包含了可以提高其硬度的杂质。它具有油脂、肥皂似的触感，也被称为皂石。其半透明材料比不透明材料更具价值。叶蜡石（Agalmatolite）是呈褐色的块滑石品种。滑石在很多地区均有产出。

叶腊石（Pyrophyllite）是一种稀有矿物，偶尔磨制成弧面形，更多的用于雕刻。它质软且通常不透明，具珍珠至油脂光泽，有白色到灰色、淡蓝色和棕色的不同颜色。其中半透明品种最为珍贵。在中国雕刻中常用的一种叫作寿山石的材料，其中主要部分是叶腊石紧密排列而成。叶腊石主要产自中国。

孔雀石（Malachite）是一种翠绿色的含铜矿物，广泛用作弧面、串珠、雕刻和镶嵌品。早在公元前3000年的埃及，它便为人们所认识并被用作护身符、首饰以及眼影粉。在19世纪初期，著名的乌拉尔矿山产量很高并且向欧洲供应孔雀石。它在意大利被作为对抗邪恶之眼的护身符来佩戴。孔雀石很少有肉眼可见的单晶体，通常是块状或纤维状。具有绿色带状的块状品种，做成首饰是最迷人的。孔雀石质软，易碎，对热、酸以及氨气敏感——耐久性不足以做成戒面。目前，孔雀石的主要产地是刚果共和国。

一件 4 000 千克的蓝铜矿孔雀石，高 1.5 米，产自美国亚利桑那州比斯比的铜女皇（Copper Queen）矿山。

蓝铜矿（Azurite）是一种质软、不透明，具有浓艳天蓝色的宝石。最常被制成弧面宝石、串珠或者由块状蓝铜矿做成装饰性物品。重要产地有美国亚利桑那州、墨西哥和中国。

蔷薇辉石（Rhodonite）常被做成弧面宝石、串珠、花瓶、盒子、酒杯以及其他装饰性物品。它最初于 18 世纪在俄国为人们使用。蔷薇辉石呈迷人的玫瑰红色，通常具有黑色氧化锰脉纹。主要产地为日本和俄罗斯的乌拉尔山脉。

中国的孔雀石花瓶，高 20 厘米。

种类（品种）	化学成分	硬度	密度	折射率	备注
非常罕见的宝石					
黝帘石 坦桑石：一种漂亮的蓝色的多色性品种，稀少 锰黝帘石：一种巨大的粉红色的观赏石	$Ca_2Al_3Si_3O_{12}(OH)$	6－6.5	3.15－3.38	1.685－1.725	
蓝锥矿	$BaTiSi_3O_9$	6－6.5	3.64－3.7	1.757－1.804	蓝宝石蓝色，强火彩；非常稀少
锂辉石 紫锂辉石：紫丁香色，比较受欢迎 绿锂辉石：翠绿色，极为罕见	$LiAlSi_2O_6$	6.5－7	3.0－3.2	1.66－1.676	两组较完全解理
蓝晶石	$Mg_3Al_6(Si,Al,B)_5O_{21}(OH,F)_2$	6－7	3.28－3.35	1.661－1.669	绿色到棕色；稀少
金红石	TiO_2	6－6.5	4.2－4.3	2.62－2.9	色深，硬度较低
硼铝镁石	$MgAlBO_4$	6.5－7	3.47－3.5	1.665－1.712	易被误认为褐色橄榄石
蓝柱石	$BeAlSiO_4(OH)$	6.5－7.5	3.05－3.1	1.65－1.676	一组完全解理，稀少
榍石	$CaTiSiO_5$	5－5.5	3.44－3.55	1.843－2.11	很好的亮度和火彩，但硬度低
透辉石	$CaMgSi_2O_6$	5－6	3.2－3.3	1.664－1.721	绿色辉石；大颗粒者罕见
黑曜石	Natural glass	5－5.5	2.4	1.48－1.51	通常为深色，易碎
方柱石	$(Ca,Na)_4Al_3(Al,Si)_3$-$Si_6O_{24}(Cl,CO_3,SO_4)$	5－6	2.5－2.74	1.539－1.579	颜色多样，可具猫眼效应
磷铝锂石	$(Li,Na)AlPO_4(F,OH)$	5.5－6	3－3.1	1.578－1.619	各种浅色，罕见

种类（品种）	化学成分	硬度	密度	折射率	备注
一些收藏家喜欢的宝石					
方解石 冰洲石 - 肉眼无瑕的无色方解石	$CaCO_3$	3	2.7	1.486 – 1.658	高双折射，质软，三组完全解理
萤石	CaF_2	4	3.18	1.434	颜色多样，质软，八面体解理
菱锰矿	$MnCO_3$	3.5 – 4.5	3.45 – 3.6	1.597 – 1.1817	质软，有三组解理——块状体为观赏石
重晶石	$BaSO_4$	3 – 3.5	4.3 – 4.6	1.636 – 1.648	各种颜色，但质软，具有一组完全解理
金属制的宝石					
黄铁矿	FeS_2	6 – 6.5	5.02		黄铜黄色，市场称为白铁矿
赤铁矿	Fe_2O_3	5.5 – 6.5	5.26		铁黑色，被称为黑色金刚石
装饰材料					
石膏 雪花石–块状细粒岩 纤维石膏–纤维状具珍珠光泽 亚硒酸钠–无色透明晶体	$CaSO_4 \cdot 2(H_2O)$	2	2.3	1.52 – 1.53	质软，且产量大
方解石 奥尼克斯–块状细粒岩石	$CaCO_3$	3	2.7	1.486 – 1.658	颜色多样

种类（品种）	化学成分	硬度	密度	折射率	备注
装饰材料					
滑石 块滑石、皂石-块状细粒盐，常为苹果绿	$Mg_3Si_4O_{10}(OH)_2$	1	2.2-2.8	1.54	质软，油脂触感
叶蜡石 寿山石-乳白色到褐色块状集合体	$Al_2Si_4O_{10}(OH)_2$	1-2	2.65-2.9	1.58	质软，且产量大
孔雀石	$Cu_2CO_3(OH)_2$	3.5-4.5	3.6-4.1	1.85	颜色多样
蓝铜矿	$Cu_3(CO_3)_2(OH)_2$	3.5-4	3.77	1.73-1.836	质软，油脂触感
蔷薇辉石	$MnSiO_3$	5.5－6.5	3.57－3.76	1.73	玫瑰，粉红到棕红色，通常呈块状
磷铝石	$AlPO_4 \cdot 2H_2O$	3.5－4.5	2.2－2.57	1.56	蓝绿色块状者易被误认为绿松石
蛇纹石 蛇纹石-绿色翡翠般的玉石	$Mg_3Si_2O_5(OH)_4$	4－6	2.44－2.62	1.56	常见于质软的绿色岩石蛇纹岩中

（刘凯超　译）

三颗交互生长的发晶，高 6.7 厘米，产自巴西米纳斯吉拉斯的伊塔贝拉。

致谢

非常感谢所有为此书旧版本的编写以及新版本的修订付出了很多努力，并提出帮助和建议的作者们。

感谢我们的设计师和编辑 Nancy Creshkoff，如果没有她的奉献精神、对本书提供的悉心指导照顾以及可贵的幽默感的话，我们怀疑你根本没有兴趣去阅读这本书。

感谢 Tom Sofianides 和 Carole Slade，他们夫妻二人提出的宝贵意见，给予大家的精神支持和莫大耐心，是完成本书不可或缺的。

感谢 Joseph J. Peters，如果没有他对本书信息收集提供的大量帮助以及对项目各个方面的细致审查，我们无法取得现在的成果。

感谢参与本书编写的博物馆矿物科学部门的所有工作人员，尤其是 Janice Yaklin 和 Charles Pearson，以及自然历史博物馆的 L. Thomas Kelly 和 Scarlett Lovell，感谢他们的耐心与帮助。感谢 Jill Hamilton 完成了本书的校对。

感谢博物馆摄影工作室 Jackie Beckett，Kerry Perkins 和 Denis Finnin 的慷慨相助。

感谢那些为本书提供了相关信息的人们，感谢 Joan Aruz，Wendy Ernst，Linda Eustis，Leonard Gorelick，Eugene Libre，George Morgan，James Pomarico，Frank Rieger，Peter Schneirla，David Seaman，James Shigley 和 Nicholas Steiner。

感谢 Gaston Giuiliani，Richard Hughes，Robert Kane，Neil Landman 和 William Larson 对本书旧版本提供的帮助。感谢参与新修订版编写的作者们，感谢 Sterling 出版社的团队，执行主编 Barbara Berger，艺术总监、室内设计 Chris Thompson，艺术总监及封面 Elizabeth Lindy，封面设计 David Ter-Avanesyan，产品经理 Fred Pagan，以及编辑部主任 Marilyn Kretzer。同样特别感谢 22 Media Works 公司的 Lary Rosenblatt，以及 Fabia Wargin 设计公司。

非常感谢所有帮助我们建立矿物和宝石资料库的人们。感谢所有如下为本书成书慷慨捐赠及提供帮助的人们：

George Ackerman; Mrs. R. T. Armstrong; Mrs.Frank L. Babbott; Lilias A.Betts; Mrs. C. L. Bernheimer; Susan D.Bliss; Maurice Blumenthal; David A.Byers; Elizabeth Varian Cockcroft; Lawrence H.Conklin; Joseph F.Decosimo; Dr. B. Delavan; Mrs.George Bowen DeLong; Lincoln Elsworth; Alexander J. and Edith Fuller; Leila B.Grauert; Jack Greenberg; Peter Greenfield; K.B.Hamlin; Dr.George E.Harlow; Mrs.William H.Haupt;Lloyd Herman; Dr.Maurice B.Hexter; Mrs.Charles C.Kalbfleisch; Morton Kleinman; Dr.George E.Kunz; Korite Minerals， Ltd. ;Vincent Kosuga; Mabel Lamb; Charles Lanier; Mrs.Zoe B.Larimer; Gerald Leach; S.Howard Leblang; Mrs.Bonnie LeClear estate; Vera Lounsbery estate; Roy Mallady; Alastair Bradley Martin; Mrs.Patrick McGinnis;Roswell Miller Jr.;Milton E.Mohr; Dr.Arthur Montgomery; John Pierpont Morgan Sr.; John Pierpont Morgan Jr，; M.L.Morgenthau; Dr.Walter Mosmann; Dr.Henry Fairfield Osborn; Clara Peck estate; Phelps-Dodge Corporation; Dwight E.Potter; Arthur Rasch; Dr.Julian Reasonberg; Robinson&Sverdlik Company; Mr.and Mrs.J.Robert Rubin;Hyman Saul; Elizabeth Cockcroft Schettle; Mr.and Mrs.Bernard Schiro; Dr.Louis Schwartz; Victoria Stone estate; William Boyce Thompson estate; John Van Itallie; David Warburton; Thomas Whiteley; and several anonymous donors.

词汇表

他色：颜色由矿物的杂质所致，如微量元素的替代作用或辐照产生的结构损伤。

沉积物：由河流、溪流搬运的成矿物质。

护身符：见“辟邪物”。

星光效应：在两个或以上方向上出现的猫眼效应，使宝石表面呈现出像星光一样的外观。

晶轴：一个方向或某方向的平面，晶体沿其呈平行对称。

双折射率：具有双折射的矿物的折射率（R.I.s）的差值。

双折射：无立方对称性的矿物有两个或三个折射率的现象。

明亮度：宝石刻面的闪光和入射光线从宝石内部反射出来的程度，取决于宝石的切工和折射率。同义词：活力、生命力。

戒面：一种素面无切割面的宝石切磨形式。

克拉：宝石的单位重量标准。1 克拉 = 0.2 克。

猫眼效应：素面宝石表面呈现的如猫的眼睛一样的光带。由宝石内部平行排列的致密针状矿物包裹体或纤维状包裹体（如软玉猫眼中）所致。

解理：某个薄弱方向，矿物沿其可破裂成光滑平面。

隐晶质：由亚微观晶体颗粒形成的致密结构。

晶体：内部原子规律排列的固体物质。外部自然形成的表面称为“晶面”。

晶质的：具有晶体的性质：内部原子在三维空间内规律排列。

立方（晶系）：有三条互相垂直并等长的对称轴的对称型，为最高的对称形式。

二色性：两个方向上的多色性。

色散：晶体折射率变化在颜色上的表现，白光被分离成不同颜色的光线，使宝石显现火彩。随折射率的不同，被分解的不同光线在夫琅和费线上 G 到 B 区间，数值上的分布为 430.8~686.7 nm。

火彩：无色透明宝石如钻石的颜色被分解并呈现闪烁的现象，由色散导致。

夫琅和费线：由于太阳周围的氧气、氢气和钠等冷气体中化学元素的吸收导致日光中出现的暗色的吸收线。由物理学家约瑟夫·冯·夫琅和费（Joseph von Fraunhofer）命名。

宝石（广义）：具有天然、美观特点的矿物。

宝石（狭义）：具有美观、耐久、稀有特点并受人们喜爱的矿物。

族（矿物族）：具有相同晶体结构的一系列矿物。

习性：矿物的一系列外形特征，包括晶体形状以及多晶连生的方式等。

硬度：抵抗刻划的能力，分为摩氏硬度1~10。

六方（晶系）：平面内三条等长对称轴成120° 相交，第四条对称轴垂直平面形成的六次旋转对称的对称型。

自色：颜色为自身固有，由某种化学成分或晶体结构决定。

仿制品：与宝石很相似的物质，如玻璃、塑料及其他非晶质材料。

共生：晶体紧密接触共同生长的现象。

虹彩：由光的干涉形成的彩色现象，如拉长石的虹彩。

光泽：物质表面反射光的能力，由表面的光洁度、物质的折射率以及一些层状的结构决定，如珍珠。

岩浆：由火成岩熔融后凝结形成的流体。

矿物：可通过简单的化学式描述的天然形成的晶体。

单斜（晶系）：有三条相互不平行的对称轴，其中两条互相垂直，并没有旋转对称性的对称型。

斜方（晶系）：有三条不等长的互相垂直的对称轴的对称型。

伟晶岩：矿物颗粒较大的常含有挥发性元素的火成岩，如绿柱石（Be）、锂辉石（Li）、托帕石（F）、碧玺（B）。

压电性：发生弹性形变时表面产生电荷的性质，一般为没有对称中心的矿物所具有。

沉积矿床：矿物质被风或流水搬运到水体内经过沉淀聚积形成的矿床。

变彩效应：在不同角度观察时宝石显现出一系列变化的颜色的现象，如欧泊，由衍射导致。

多色性：在不同的观察方向上晶体显示不同颜色的现象。

伪色散：由于物理原因，如颗粒间隙等，产生类似色散的现象。

热电效应：温度发生变化时表面产生电荷的性质，一般为没有对称中心的矿物所具有。

折射：光（或任意形式的波）在不同介质中传播发生弯折的现象。

折射率（R.I.）：光在真空中和在物质中传播速度的比值，它决定光进入物质时发生弯折的角度。有些低对称型的矿物具有三个值，并且观察到的数值大小随光的射入角度而变化。通常在钠蒸气灯的黄光（波长 589.3 nm）下测量其数值。

岩石：一种或多种矿物的集合体。

原石：宝石的原始矿物状态。

片岩：主要成分为云母或类云母矿物的片状变质岩。

石英质玉石：二氧化硅，一般描述化学成分不明、主要成分为二氧化硅的固体玉石，如石英。

仿宝石：经常用来仿冒宝石的物质，一般为具有和宝石相似外观的合成材料。

六连晶：六方对称的共生晶体，常见于金绿宝石。

相对密度：一个无量纲的密度量度（数值上等于每立方厘米的克重）。

对称性：物体形状或长度的对应关系，物体沿平面或轴或一个点（对称中心）呈旋转对称。

合成：人工制造出的与天然相同的物质。

辟邪物：经加工装饰的物品，人们相信它会提供魔力并保护主人。同义词：护身符。

四方（晶系）：有三条相互垂直的、其中两条等长的对称轴的对称型。

三方（晶系）：平面内三条等长对称轴成 120° 相交，第四条对称轴垂直平面形成的三次旋转对称的对称型。

三连晶：三角对称的共生晶体。

双晶：两个晶体非平行相交生长并形成对称的晶体。

宝石种：由特定颜色或某种性质决定的宝石种类，如红色刚玉称为红宝石。

挥发物（组分）：在岩浆凝结过程末期进入到岩浆内部的容易形成气体的物质。

延伸阅读

图书

Arem, Joel E. *Color Encyclopedia of Gemstones*, 2nd ed. New York: Van Nostrand Reinhold, 1987.
非常全面的宝石参数汇编，收集了出版时博物馆收藏的最大的宝石，含有大量高质量的图片。

Balfour, Ian. *Famous Diamonds*, 5th ed. Woodbridge, UK: Antique Collectors Club, 2009.
对世界著名钻石进行具体细致描述的书籍。

Ball, Sydney H. *Roman Book on Precious Stones (Including an English Modernization of the 37th Booke of the Historie of the World by C. Plinius Secundus)*. Los Angeles: Gemological Institute of America, 1950.
如果你想要知道普林尼非说不可的东西是什么，都在这里了。

Bancroft, Peter. *Gem and Crystal Treasures*. Tucson, AZ: Western Enterprises/Mineralogical Record, 1984.
对矿物及宝石产地信息的全面汇编。

Bauer, Max. *Precious Stones*. New York: Charles E. Tuttle Company, 1982.
可在图书馆中找到的宝石参考书。

Bruton, Eric. *Diamonds*, 2nd ed. Radnor, PA: Chilton, 1978, 1993.
对钻石的各个方面的优秀的、权威的、易懂的解读。

Dietrich, R. V. *The Tourmaline Group*. New York: Van Nostrand Reinhold, 1985.
至今仍是一本关于碧玺的权威书籍。

Evans, Joan. *Magical Jewels of the Middle Ages and the Renaissance*. Oxford, UK: Clarendon Press, 1922. (New York: Dover Publications, 1977).
直接取材于 17 世纪的古代宝石文献的学术著作。在同类书中占有最高地位。

——. *A History of Jewellery: 1100–1870*. Boston: Boston Book And Art, 1970.
重要的权威著作。

Groat, L. A. (ed.). *The Geology of Gem Deposits*, 2nd ed. Short Course Handbook Series 44. Quebec: Mineralogical Association of Canada, 2014.
重要宝石的地质学概要。

Harlow, George. E. (ed.). *The Nature of Diamonds*. Cambridge, UK: Cambridge University Press, 1998.
内容丰富且权威的著作。

Heiniger, Ernst A., and Jean Heiniger. *The Great Book of Jewels*. New York: New York Graphic Society, 1974.
内容丰富全面的图册。

Hughes, R. W. *Ruby and Sapphire: A Collector's Guide*. Bangkok: Gem and Jewelry Institute of Thailand, 2014.
描述刚玉的最新、最权威的书籍。

Keller, Peter C. *Gemstones and Their Origins*. New York: Van Nostrand Reinhold, 1990.
描述宝石形成的地质条件的几本书之一。

Klein, Cornelius, and Barbara Dutrow. *Manual of Mineral Science*, 23rd ed. (Manual of Mineralogy). Hoboken, NJ: John Wiley & Sons.
标准的矿物学教科书。

Kunz, George F. *The Curious Lore of Precious Stones*. Garden City, NY: Halcyon House, 1938 (1913). (New York: Dover Publications, 1971).
对宝石匠人及历史的多重记述。

可在 https://archive.org/details/curiousloreofpre028009mbp. 免费下载电子书

——. *The Magic of Jewels and Charms*. Philadelphia: J. B. Lippincott, 1915.
从宝石专家中收集的精彩讯息。

Landman, N. H., P. M. Mikkelson, R. Bieler, and B. Bronson. *Pearls: A Natural History*. New York: Harry N. Abrams, 2001.
一本散发着魅力与荣耀的书。

Muller, Helen. *Jet*. Oxford, UK: Butterworth-Heinemann, 1987.
关于煤精的信息。

Ogden, Jack. *Jewelry of the Ancient World*. New York: Rizzoli, 1982.
重要且翔实的专题书籍。

Post, J. E. *The National Gem Collection*. New York: Harry N. Abrams, 1997.
史密森学会的宝石收藏一览。

Schumann, Walter. *Gemstones of the World*, 5th ed. New York: Sterling Publishing, 2013.
所有宝石的参考标准的最新版本。

Sinkankas, John, *Gemstones of North America*, vol. 2. New York: Van Nostrand Reinhold, 1959.
虽然有些古老，但仍旧是本好书，John Sinkankas 的所有作品都是精品。

Webster, Robert, and E. Alan Jobbins. *Gemmologists' Compendium*, 7th ed. London: N.A.G. Press, 1999.
为学生准备的宝石学手册。

期刊

Gems and Gemology

The quarterly of the Gemological institute of America, Carlsbad, CA.

美国宝石学期刊。

In Color

The journal of the International Colored Gemstone Association, Hong Kong.

专注于彩色宝石的英文杂志，包含宝石货源及市场等相关文章。

Journal of Gemmology

The journal of Gem-A, the Gemmological Association of Great Britain, London.

英国宝石学杂志。

Lapidary Journal

Chilton Publishing, Radnor, PA.

宝石爱好者的期刊，主要包含新闻及当地信息等。

Mineralogical Record

Mineralogical Record Publishing, Tucson, AZ.

刊载矿物产地、矿物种以及矿物收藏家评论的面向爱好者及专业人士的矿物学期刊。

Rocks and Minerals

Taylor & Francis Group, Philadelphia, PA.

刊载矿物、岩石、宝石说明类文章，面向爱好者及专业人士的期刊。

在线资源

Gemdat.org
The gemstone and gemology information website.
http://www.gemdat.org/

Gemological Institute of America
Gems and Gemology journal and other information.
http://www.gia.edu/

International Colored Gemstone Association
Gem by gem information.
http://gemstone.org/

引文文献

Abel, Eugenius. *Orphei Lithica Accedit Damigeron de lapidibus Recensuit Eugenius Abel.* Paris: Berolini, 1881.

Ball, Sydney H. "Historical Notes on Gem Mining." *Economic Geology* 26 (1931): 681–738.
矿业发展史早期的重要成果。

Beasley, W. L. "The Morgan Gem Collection in the American Museum of Natural History." *Jewelers' Circular Weekly* (February 2, 1916): 88–95.

Boyle, Robert. "Some Considerations Touching the Usefulness of Experimental Natural Philosophy." (1663, 1671). Republished, London: Forgotten Books, 2013.
宝石的早期信息来源。

Evans, Joan. *Magical Jewels of the Middle Ages and the Renaissance.* Oxford, UK: Clarendon Press, 1922.

Federman, David. *Modern Jeweler's Gem Profile: The First 60.* Shawnee Mission, KS: Vance Publishing, 1988.
从贸易的角度谈60种宝石的新闻、典故及信息。

Fritsch, E., and G. R. Rossman. "An Update on Color in Gems, Part 1: Introduction and Colors Caused by Dispersed Metal Ions." *Gems and Gemology* 24 (Fall 1987): 126–39.

——. "An Update on Color in Gems, Part 2: Color Involving Multiple Atoms and Color Centers." *Gems and Gemology* 25 (Spring 1988): 3-15.

——. "An Update on Color in Gems, Part 3: Colors Caused by Band Gaps and Physical Phenomena." *Gems and Gemology* 25 (Summer 1988): 81-102.

Giuliani, G., M. Chaussidon, C. France-Lanord, H. Savay-Guerraz, P. J. Chiappero, H. J. Schubnel, E. Gavrilenko, and D. Schwarz. "L'exploitation des mines d'émeraude d'Autriche et de la Haute Egypte à l'Epoque Gallo-romaine: mythe ou réalité?" *Revue de Gemmologie* 143 (2001): 20-24.

Giuliani, G., M. Chaussidon, H. J. Schubnel, D. H. Piat, C. Rollion-Bard, C. France-Lanord, D. Giard, D. de Narvaez, and B. Rondeau. "Oxygen Isotopes and Emerald Trade Routes Since Antiquity." *Science* 287 (2000): 631-33.

Giuliani, G., D. Ohnenstetter, A. E., Fallick, L. A. Groat, and A. J. Fagan. "The Geology and Genesis of Gem Corundum Deposits." In L. A. Groat (ed.), *Geology of Gem Deposits.* (Mineralogical Association of Canada Short Course), vol. 44, chapter 2 (2014): 29-112.

Gratacap, L. P. "The Collection of Minerals." *American Museum of Natural History Guide*, Leaflet 4 (1902): 1-21.

——. *A Popular Guide to Minerals*. New York: Van Nostrand Reinhold, 1912.

Groat, L. A., G. Giuliani, D. D. Marshall, and D. Turner. "Emerald Deposits and Occurrences: A Review." *Ore Geology Reviews* 34 (2008): 87-112.

Kunz, George F. "The Morgan Collection of Precious Stones." *American Museum Journal* 13, no. 4 (1913): 159-68, 171.

——. and Charles H. Stevenson. *The Book of the Pearl*. New York: Century , 1908.
依然是珍珠方面的重要著作。

Legrand, Jacques. *Diamonds: Myth, Magic and Reality*. New York: Crown, 1980.
钻石方面的权威图册。

Liddicoat, Richard T., Jr. *Handbook of Gem Identification*. Santa Monica, CA: Gemological Institute of America, 1987.
源自美国的宝石鉴定著作。

Meen, V. B., and A. D. Tushingham. *Crown Jewels of Iran*. Toronto: University of Toronto Press, 1968.
来自伊朗的令人难以置信的优秀照片收藏。

Nassau, Kurt. *Gems Made by Man*. Radnor, PA: Chilton, 1980.
迄今有关宝石材料合成的最佳书籍，包括颜色方面的探究。

——. *Gemstone Enhancement*. Oxford, UK: Butterworth-Heinemann, 1980.
宝石改善方面的权威著作，但有些过时。

Pardieu, Vincent. "Hunting for 'Jedi' Spinels in Mogok." *Gems and Gemology* 50 (2014): 46-57.
See: http://www.gia.edu/gems-gemology/spring-2014-pardieu-jedi-spinels-in-mogok.

——. "Amphibole Related Rubies from Mozambique: A Revolution in the Ruby Trade" (abs). In *21st General Meeting International Mineral Association (IMA) Abstr.*

D. Chetty, L. Andrews, J. de Villiers, R. Dixon, P. Nex, et al. (eds.1. Johannesburg: Geological Society South Africa/Mineral Association South Africa, 2014: 281.

Pezzotta, Federico, and Brendan M. Laurs. "Tourmaline: The Kaleidoscope Gemstone." *Elements* 7, no. 5 (2011): 333-38.

Pliny the Elder. *Natural History*. vol. 10, books 36-37. D. E. Eicholz (trans.), T. E. Page et al. (eds.). Loeb Classical Library. London: William Heinemann, 1962. (See also Ball, *Roman Book on Precious Stones*, 1950.)

Pough, F. H. "Gem Collection of the American Museum of Natural History." *Gems and Gemology* 7, no (1) (1953): 323-34, 351.

Schubnel, Henry-Jean. *Color Treasury of Gems and Jewels*. London: Crescent Books, Orbis, 1971.
欧洲专家拍摄的高质量照片图册。

Shigley, J. E., B. M. Laurs, A. J. A. Janse, S. Elen, and D. M. Dirlam. "Gem Localities of the 2000s." *Gems and Gemology* 46, no. 2 (2010): 188-216.

Sinkansas, John. *Emerald and Other Beryls*. Radnor, PA: Chilton, 1981.
有关此主题的书籍。

——. *Gemology: An Annotated Bibliography*. 2 vols. Metuchen, NJ: Scarecrow Press, 1993.
非常全面的叙述。

Webster, Robert. *Gems: Their Sources, Description, and Identification*. Hamden, CT: Archon Books, 1975.
尽管有些过时，但仍然是有关宝石最全面的著作。

Whitlock, Herbert P. *The Story of the Minerals*. New York: American Museum Press, 1925.

——. *The Story of the Gems*. New York: Lee Furman, 1936. (New York: Garden City

Publishing, 1940).
关于普通宝石和博物馆收藏宝石的书籍，有些过时。

Wodiska, Julius. *A Book of Precious Stones*. New York: G. P. Putnam's & Sons, 1906.
另一本有关早期参数和历史的概要。

Woodward, Christine, and Roger Harding. *Gemstones*. New York: Sterling Publishing, 1988.
一本带有英伦风格的有关宝石的优秀入门书。

Yager, T. R., W. D. Menzie, and D. W. Olson. "Weight of Production of Emeralds, Rubies, Sapphires, and Tanzanite from 1995 through 2005" (2008., U.S. Geological Survey Open-File Report 2008-1013, 9 pp., available only online, http://pubs.usgs.gov/of/2008/1013.

索引

注：斜体数字表示照片及插图

A

B

C

D

E

G

H

J

M

Z

图片版权说明

Courtesy American Museum of Natural History Photographic Collection
viii, x, xii, xiii, xiv, xv, 7, 123, 125, 166, 173, 185, 186

Courtesy American Museum of Natural History Research Library
xvi-1, 5r, 172, 182t

Courtesy American Museum of Natural History
9, 19, 20, 21, 22-23

Courtesy Google Books
Anselmii Boëtii de Boodt... Gemmarium et Lapidum Historia... (Anselmus de Boodt), 1609:51;*Travels in India,*1677 (Jean-Baptiste Tavernier):71;*The Great Empress Dowager of China,*1911(Philip Walsingham Sergeant):162

iStockPhoto
©boggy22:92

Courtesy Library of Congress
Detroit Publishing Co.:ii-iii;Bain News Service:xi and 60;163

National Gallery of Art
171

Courtesy of Pala Gems(palagems.com), Van Pelt Photographers
15

Project Gutenberg
Archaeological Essays by the Late Sir James Y.Simpson, 1872:137

Shutterstock
©Jaroslav Moravcik:2;© hobbit:13t ; ©Byelikova Oksana:89;©jsp:100

Courtesy Sterling Publishing
13b

Courtesy Wellcome Library, London;www.wellcomeimages.org
3, 12, 80, 107, 164

Courtesy Wikimedia Foundation
The Yorck Project:*10.000Meisterwerke der Malerei*:27;W.and D.Downey:28;British Library:40;Cranach Digital Archive:41;the David Collection:65;Centro de Documentação D.João VI :74

图书在版编目（CIP）数据

宝石与晶体/（美）乔治·E.哈洛（George E.Harlow）（美）安娜·S.索菲尼蒂斯(And Anna S. Sofianides)著；郭颖等译．—重庆：重庆大学出版社，2017.6（2022.11 重印）

（自然的历史）

书名原文：GEMS & CRYSTALS

ISBN 978-7-5689-0271-7

Ⅰ．①宝…　Ⅱ．①乔…　②安…　③郭…　Ⅲ．①宝石—普及读物　Ⅳ．①P578-49

中国版本图书馆CIP数据核字（2016）第290025号

宝石与晶体

BAOSHI YU JINGTI

［美］乔治·E. 哈洛　安娜·S. 索菲尼蒂斯　著
郭颖　等译

责任编辑　王思楠
责任校对　张红梅
装帧设计　鲁明静
内文设计　鲁明静　王吉辰
责任印制　张　策

重庆大学出版社出版发行
出版人　饶帮华
社址　（401331）重庆市沙坪坝区大学城西路 21 号
网址　http://www.cqup.com.cn
印刷　重庆升光电力印务有限公司

开本：787mm × 1092mm　1/16　印张：18.5　字数：320千
2017年6月第1版　2022年11月第2次印刷
ISBN 978-7-5689-0271-7　定价：99.80元

版贸核渝字（2016）第041号